だいわ文庫

東京大学超人気講義録

遺伝子が明かす脳と心のからくり

石浦章一

大和書房

はじめに

この『遺伝子が明かす脳と心のからくり』は羊土社から二〇〇四年に出版されたものであるが、このたび大和書房から文庫で出版されることになった。内容や研究状況は数年経ったがほとんど変わっておらず、いかに脳研究の進展が遅々としているかが、これでわかる。内容は東京大学の文系一年生向けの総合科目（選択授業）で行った授業であるが、これは現在も「現代生命科学」の名前で続いている。文庫版では、数字は授業当時の表記としたが、大幅に変わっているものに関しては注を付け加えた。

人間の心が分子レベルで明らかになってきたのは、ここ二〇年くらいのことである。私は分子生物学が専門で、アルツハイマー病の発症機構、家族性自閉症と遺伝子変異、ドーパミン関連遺伝子と行動との関係などの研究を行っていて、ヒトの心を分子レベルで解明する「分子認知科学」という新しい学問の名付け親である。名付け親らしい研究もせねばならず、アルツハイマー病の発症にかかわる主役の一つセクレターゼという酵素に関する研究論文数は日本で一番多いはずである。しかし、やらなければいけないのは、正しい生命科学のメカニズムを解明することだけではなく、それをどう正確に一般に伝えるか、ということだということに気付き、それを実践する場として大学の講義を選んだ。

しかし、これがなかなか難しく、みなさんもご存じの通り、個人情報も生物多様性も宗教も宇宙科学もすべて金がらみ、一〇〇％経済的思考で動く世の中である。生命科学も例外ではなく、正しい情報と経済は両立せず、インチキ商品が跋扈し、怪しいダイエット、食品、薬があふれている現状を何とかしたいと思ったのが講義のきっかけである。

いざ授業が始まってみると、意外に学生さんの知らないことが多く、こちらが当たり前と思っていたことや生命科学の常識が通じないことが多いことに驚いた。

例えば、本書ではタバコを目の敵にしたが、癌を発症させる源のタール（ベンゾピレン）には毒性が少なく、吸った人の身体の中の酵素により毒性の高い物質に作りかえられる（癌になる人は自業自得）ことを知っていた学生はほとんど皆無であった。

アスピリンはＣＯＸという酵素の阻害剤で、低濃度で用いると血液凝固を防ぎ動脈硬化を抑える、という生化学のイロハを知らない理系の学生もいて、小児用アスピリンは認知症を防ぎますよ、という米国専門雑誌の結果を紹介しても、誰かのブログに「小児用アスピリンがぼけを防ぐという馬鹿げた話を東大の先生がしている」と書かれる始末であった。

このような人たちに本当のことを伝えるにはどうしたらいいだろうか、と悩んだ挙句、やはり正しいことを発信するしかないと考え、以来、いろいろな場所で講義を行っている。歳とともに一般のみなさんとお話しする機会も増えたが、さすがに驚くような質問は少なくなった。

しかし、脳と心は私たちの生活に一番遠いところにあり、心の問題はわからないほうが良い、などという声もたまに聞こえる。私はこの考えには反対で、すべてがわかっても、その奥から新しいなぞが出現するもので、科学の発展というのは知識が増えることでのみ、もたらされるものだからである。また、それを求めるのが人類の「知」であり、未知のままにすることで超自然的存在を許容することは、許されないのである。

読者のみなさんのご意見を賜ることができれば幸いである。

二〇一一年二月

石浦 章一

目次

第1講義

不安解消に効く遺伝子

第2講義

気分を変える薬

第3講義

記憶力を高める遺伝子

第4講義

知能を高める遺伝子

第5講義

やる気を起こす遺伝子

第6講義

遺伝子が操る行動

第7講義

事件で考える生命倫理

第8講義

狂牛病のリスク評価

第1講義

不安解消に効く遺伝子

この授業は大学一年生で、生物学を勉強したことがない学生もいる授業です。二七七人が履修していますが、意欲のある学生（比較的女子学生が多い）は前のほうに座っていますので、主にその辺りに視線を走らせた授業になります。

脳の話というと堅苦しくなりますので、第1講義では、硬さをほぐす意味でも、大学生に興味をもたせる意味でも、知能や不安など自分に関係のある話から入るのがいいと考えました。

この授業では「知」の話をします。さらに、「知」だけではなくて、私たち人間がもっている非常に基本的な概念である「情」の部分、「喜怒哀楽」という「情」の部分を少しお話しして、最も難しいといわれている「何かの刺激に応じて出てくる」ような「意欲」についても少し勉強していきたいと思います。

一番新しい研究をみなさんに紹介して、「どれくらいまで今解析されているのか？これらのメカニズムはどうなっているのか？」という話をこれからしてみたいと思います。このなかで一番簡単なのは、「情」の部分なので、第1講義では主に「知・情・意」のうち「情」の部分をお話しします。そして少し慣れてきたら知能の話、最後にちょっと難しい意欲の話、と話をもっていきたいと思います。

授業の前に頭の体操

さて、知能テストをしてから授業を始めようかと思います。どういう知能テストをやってもいいんですが、英語の知能テストにしましょうか。

問1：「u」を三つ含む英単語を書け
問2：「u」が二個連続する英単語を書け

問3：「a、i、u、e、o」が全部一個ずつ入っている英単語を書け

まず問1は、一つの単語のなかに「u」が三つあるものです。これはちょっと難しいですね。英語はみなさん必修の授業ですから、これくらいは知っているかなと思って問2は簡単にしました。また、問3はすぐ思い浮かびますか？

普段英語を書いていて「u」が三つ入っているようなものがあると、「これは変な単語だなー」と思いません？ また、書くとき「あ〜これ全部、a、i、u、e、oが入っているな〜」と気付いて、「これは面白い単語だな〜」と思いながら書いてほしいのですけれども、そんなことありませんでしたか？ そのときに何も思わない人と「これは奇妙な単語だな」と思う人とでは、やっぱり違うわけですよ。そういうのが合わさっていって、みなさんの知能となるわけですが……。

さて、知能テストといって今やってもらっていましたが、実はこれは本当の知能ではありません。また後でお話ししますが、本当の知能というのは「今まで全く聞いたことのない問題の答えを、みなさんの習ったことから新しく作り出す」というものなので、これはある意味では記憶テストにあたるんです。

英語は難しかったかな？ 問1はちょっと普通じゃないよね。にこにこ笑っている人が

いますが。はい、「普通じゃない」という単語が正解です。「unusual」というのは「u」が三つあります。「変だな~」と思いながら書いてほしいですね。

次に「u」が二個続くというのは、例えば「真空」という意味の「vacuum」という単語がそうで、これも書いているとき「変だな~」と思わなければいけません。

最後に「a、i、u、e、o」が全部一つずつ入っている一番有名な例はこれですよね。「education」。こういうのを書くときは「不思議だな」と思いながら書くようにしましょう。

これから話すことをちょっと紹介

さて、このような問題を今まで聞いたことがなかったら、今までの知識を全部もってきて、新しい問題に対処しなければなりませんね。これは「ワーキングメモリー」といい、難しいことなのです。この「ワーキングメモリー」を働かせるということが、知能が高いという一つの証拠になるわけです。

その際、ある遺伝子をもっているために、ある知識、ある知能が非常に高い人がいるというお話もしてみたいと思います。知能というのは勉強だけで決まるものではなかろう、遺伝的な素因みたいなものがどうやらありそうだ、というのが「知」のところでお話しすることです。

次に、例えば「寂しい」とか「悲しい」というのは人間だけではなくて動物ももっている感情ですが、このような古い、進化的に保存されている感情というものが実際にはどういうメカニズムで作られていくのか、というお話を「情」のところでします。

また、例えば感情を変える薬はあるのだろうか？　変えることができれば非常に「悲しい」というのを「嬉しい」というものに変えることも可能かもしれない。そのような進んだお話もしてみたいと思います。

三番目の「意」というところが非常に難しくて、これが研究のなかでも一番問題になっているわけです。やる気のないときに、ある人の話を聞いたら急に勉強したくなった。そういう意欲がどこから出てくるんだろう？　何か外界の刺激を脳に与えると、脳の中で「何かをしよう」という意欲が出てくるわけですが、そのとき脳のどこが動いているのだろうか？　またそういうものに素因はあるのだろうか？　そういう話をしていきたいと思います。

今回のお話「感情」

今回は「知・情・意」のなかでも一番よくわかっていると考えられている「感情」についてお話ししていきます。

「感情」で今何が問題かというと、やはり社会的問題として大きいのは「うつ病」です。うつ病という病気は「引きこもり」や「不登校」などにも関連してきますし、さらに君たちの普段の生活にもかかわってきます。そういうものが非常に多くなると社会的に負担が大きくなる。今の日本では一～二%の人がうつ状態である注と考えられていて、そういう方に対してどう対処したらいいか、という社会問題もいろいろ出てきているわけです。

そこで、この「情」というものは分類できるのだろうか、そのなかで最も基本的な感情というものがあるのだろうか、という話を少ししていきたいと思います。

「喜怒哀楽」のなかで、まず簡単に定義できるのはなんだろう？　パッと見て、この人は「嬉しさ五点」とか「悲しさ三点」とか、数字で表せるものでしょうか。何か基準になるようなものがあればいいのですが。

今一番よく研究されているのが「不安」という感情です。この不安はいろいろな病気の源にもなり、しかも「非常に神経質な性格である」とか、そういう性格の源にもなっている。その他に、この不安というのは、人から話を聞いたときのその人の対応の仕方にも関係してきます。

友達が宝くじで一〇〇万円当たった、という話を聞くとどう思います？　「はい、よかったねー」と顔では笑っていても、「悔しいな～」とか「僕に一〇万円分けてくれないかな～」って思いませんか？　そういうのを思う人と思わない人というのは、どうも不安に対する尺度が違うらしいということも心理学の方面から少しずつわかってきました。しかし、心理学というのは定量性がないものです。そこに定量性を加えるにはどうしたらいいか、というのが科学のお話になります。

「不安」を定義しましょう

ある状況が自分に生まれたとき、それに対してパニックを起こすことが「不安」であろうと考えられ、この「不安」を点数化しようという試みがなされています。ある質問肢をみなさんに与えて、○と×とを付けていただきますと点数化できるわけです。そうすると非常に不安が高い人というのは一般的に神経質な人だということがわかってきました。

今私のところに東大生の平均点というのがありますから、その平均点よりも高い人は不安傾向の人である、ということになります。

不安傾向の人というのは、「明日運動会があると眠れない」というようなタイプの人間です。「明日試験があるとドキドキする」「友達と喧嘩したのを夜中に思い出して、うわっ

注　二〇一〇年末の段階でも同じと考えられている。

と起きてしまう」というようなタイプの人間ですね。

ここでこのような形質を「ハーム・アボイダンス（Harm Avoidance）」と定義します。unfamiliar な（普段慣れていない）状況になったときにどう対処したらいいかというのをいくつかの質問肢によって点数化して、このハーム・アボイダンスという形質が、その人のその他の性格とどう関係するかということを調べていくと、どうやらこれは「神経質」という形質に非常によく似ているということがわかりました。すなわち心配性です。

一九九〇年代のはじめ、心配性というのはどうやら人間の感情のなかでも一番数値化しやすく一番研究しやすいということが明らかになってきて、これに対する「遺伝」を研究してみましょう、という流れが出てきたわけです。

ハーム・アボイダンスが非常に高いというのは、とにかく自分に害が及ぶのを恐れる、何か自分に問題が出てくるのが非常に嫌であって非常に悲観的である、ということです。人と会いたくなく、人見知りしやすい人間であり、非常に内気で何かというとすぐ疲れる。こういうことが「ハーム・アボイダンスが高い」ということになります。

ルーチンといいますか、普段と同じことをすると安心する。普段と違うことをすると何となく気分が悪い。そういう方がハーム・アボイダンスが非常に高いと定義され、点数として非常に高くなるということがわかってきました。

逆に、ハーム・アボイダンスが非常に低い人はどうかというと、この逆なわけです。つまり非常に冷静沈着で、パニックを起こさない、ということなんですね。

どんなことでも安心して任せることができ、非常に楽観的である。これだけでは何かおとなしい人のようですが、性格的には非常にエネルギッシュな人です。エネルギーにあふれている、一般的に顔がテカテカしている。……私は単に太っているだけですけれども。そういう方が非常に多いということがわかっています。眉間にしわが寄るようなタイプではない、というのがハーム・アボイダンスが低いということなのです。

ハーム・アボイダンス
高い：自分に害が及ぶのを恐れる、悲観的、人見知り、内気ですぐ疲れる
低い：冷静沈着、楽観的、エネルギッシュ

「不安になりやすい」性質とは

ハーム・アボイダンスに差があるということは「良い」「悪い」ではなくて、危険に対する対処の仕方がどうも違うためらしいということがわかってきました。

特にこのハーム・アボイダンスが高い人は、今一番問題になっている老人の不安神経症という病気に非常に多いタイプであって、六〇歳、七〇歳を超えると数十%になるともいわれています。

ハーム・アボイダンスは元々の性格だろうといわれていたんですが、遺伝的な研究をしてみると一つだけはっきりしてきたことがあります。それは一卵性双生児では非常によく似ているということです。これは、何らかの遺伝的要因が否定できないということで、遺伝の研究としても面白いのではないかとみんなが考えるようになりました。

ところで、ハーム・アボイダンスの高低は確かにありますね。私がここ（東京大学）の入学試験なんかの監督にいきますと、みんなの顔が強ばっているわけですが、そこでくだらない冗談を私が言うと、大抵は少しリラックスするようになる。ところが、こういうところで非常に緊張しやすく、リラックスできない人というのはやはり力が出ないというのがわかっています。例えば大学院の入試は、数十人が受けるんですが、答案を見ていれば「こいつはできるな」とか、「こいつはだめだな」とかわかるんです。そのとき本当にすごく緊張してしまって「だめだな」という人がいるんですね。

医学部は今どの大学も面接をするようになったのですが、面接をするとほとんど質問に答えられない人が大学生になってもいるんだそうです。緊張して、言葉が出ないという人が。まさか自分はありえないなんて思っていらっしゃるかもしれませんが、そういう人がいて、もう、びっくりするぐらいかわいそうになるということを聞きました。そんなことで、やはり何人かに一人、非常に緊張しやすい、あがりやすいタイプがどうやらいるらしいということがわかってきました。

で、このハーム・アボイダンスの遺伝の研究というのがどういうところにいっているのかというお話をしたいと思います。このハーム・アボイダンスが何か脳の中の変化を伴っているかどうか。ここが一番問題なわけです。物質の変化と対応するか、ということです。ある人が非常に神経質になったとき、血液中などで何かが増えているか減っているか、それがわかればその物質が脳の中で働いているに違いないという理論になるわけです。これはわかりますね？

感情と関係する物質

脳の中の物質の変化は何を指標に調べればいいか、みなさんご存じですか？　まさか脳みそを取るわけにはいきません。みなさんの脳の状態を知るには、体の中の何を測定するのでしょうか？

脳にも血液は流れていますが、神経細胞と血管は離れていますので血管の中の血液を調べても、それは脳を調べていることにはなりません。脳からじわっとしみ出てきたものが血液の中に入って、血液の中での量が二次的に変化するという可能性はありますけれど。みなさんが喜んでいるときと悲しんでいるときに血液を測っても、その血液と脳との直接の関係はあまりないわけです。とすると何を測定したらよいでしょうか？

今一番信頼されているものは脳脊髄液（髄液）と呼ばれている液です。髄液は血液とよく似ているんですけれども、神経細胞を、要するに脳細胞を直接包んでいる液で、脊椎に針を刺して取ります。その髄液の中の物質の量が脳の中の物質の量を反映していると考えられています。

そこで、この髄液の中の物質で何が人間の感情と比例しているか、ということを調べていったら、面白いものがわかってきたんですね。ちょっと難しいんですが、５ＨＩＡＡという物質が、ある感情とかなり比例しているということがわかってきました。

この授業では化合物の名前をなるべく言わないようにと思っていたのですが、この化合物名はあまりにもひどいですね。５ヒドロキシインドール酢酸という物質です。余計ひどくなりましたね。名前は覚えなくていいです。とにかく5ヒドロキシインドール酢酸というものが人間の気質とよく比例していることがわかってきました。つまり、髄液中のこの量を測ると、悲しいときとか楽しいときとかの感情の変化に対応していることが明らかになりました。

　では、これはどんな物質かというと、これは体の中ではある別の物質からできていて、この別の物質というのはある食べ物に含まれているものからできています。つまり、脳の中で本当に働いているのは5ヒドロキシインドール酢酸か、その前かもっと前かがわからないわけです。

　この一つ前の物質は「セロトニン」という物質ですが、このセロトニンは食べ物の中には含まれていなくて、食べ物にはトリプトファンという物質として存在します（図1）。これは体の中のタンパク質を作る材料であるアミノ酸の一つです。トリプトファンというものからセロトニンができて、セロトニンから5ヒドロキシインドール酢酸ができる、というわけです。

　どうやらこの三つの物質のうち、どれかが人間の感情に影響を及ぼし、髄液中の5ヒドロキシインドール酢酸

図1　セロトニン代謝

トリプトファン —TrpH→ セロトニン —MAO→ 5HIAA

TrpH：トリプトファン水酸化酵素
MAO：モノアミン酸化酵素

量の変化は、その結果かもしれないし原因かもしれない、ということが明らかになってきました。その証拠を少しご紹介することにいたします。

感情と物質をむすぶ四つの証拠

まず第一の証拠。人間の脳の中の感情を司っているところで、非常に古い部分（これは脳の辺縁系と言います）にセロトニンという物質が非常に多いということが明らかになってきました。

脳の中で感情を司る部分には、5ヒドロキシインドール酢酸ではなくてセロトニンが多い。このことからセロトニンという物質が感情になんらかの形でかかわっていて、5ヒドロキシインドール酢酸というのはそれがたまたま分解されて脳から外に出てきたのではないか、ということが考えられるようになってきました。

そこで、人間にセロトニンを食べさせればいい、そうすればセロトニンが多くなったり少なくなったりするはずだ、ということで動物実験でセロトニンを食べさせてみたのですが、これは脳に行かないんです。セロトニンは血液から脳に絶対行かないということがわかりました。

5ヒドロキシインドール酢酸というのは脳の中ではセロトニンだったのですが、分解されて5ヒドロキシインドール酢酸となり血液と髄液に出てくる、つまり脳の内と外ではどうも物質が違っているらしいということがわかってきました。

5ヒドロキシインドール酢酸は脳の内と外のどっちにもあるがセロトニンは脳の中にしかない。とすると大切なのはセロトニンではなかろうかということになってきたんですね。しかも、大脳皮質（「人間が人間である」ための部分）ではセロトニンは少なくて、サルとかもっと前に分化したイヌとかネコとかと人間とかが共通にもっている辺縁系の中にセロトニンが非常に多いということで、どうもセロトニンが感情に関係しているらしいということになってきたのです。

では、感情が普通の人と極端に違う人はどうか。例としてはうつ病の人がいいのですが、生きている人の脳を調べるわけにもいかないので、うつ病で自殺した人の脳を調べてみました。するとセロトニンが非常に少ないことがわかってきました。これが第二の証拠です。つまりセロトニンが少ないという状況は、どうも感情が非常に抑えられているという状態ではなかろうかという説が出てきたわけです。これを追試しましょうということで、いろいろな実験が行われ始めました。

いいですか、うつ病で自殺した人は、脳の中ではセロトニンが少なくて、髄液では5ヒドロキシインドール酢酸が少ない。脳の外に出てくる5ヒドロキシインドール酢酸が少ないということは元々セロトニンも少ない、ということがこのうつ病で自殺した人の脳から明らかになってきたんです。

そこで、自殺はしなかったが、うつ病で非常につらかった人が抗うつ薬で治ったときを調べました。状況が非常によくなったときと、そうでないときの髄液を調べたところ、治ったときでは5ヒドロキシインドール酢酸の量が通常に戻っていたのです。これが第三の証拠です。

できた分解産物（5ヒドロキシインドール酢酸）の量が多くなると、うつ病が治っているることがわかりました。この抗うつ薬はどんな抗うつ薬でもいいのです。一番最初にできたイミプラミンというう病の薬があるのですが、このイミプラミンでも5ヒドロキシインドール酢酸の量が上がる。うつ病の薬であるプロザックでも同じように上がるということがわかりました。つまり別々の薬でもうつ病が治れば5ヒドロキシインドール酢酸の量も元に戻っているのです。このことから、うつ病にはセロトニンが効いているのではないかという話になってきたわけです。

ところが、ここで大逆転が起こります。それはどういうことかというのが四番目の証拠です。暴力犯罪者を調べてみました。日本では犯罪者の脳というのは人権問題になるためほぼ調べられません。ところがアメリカではこういう実験ができるのです。

例えば人を殺してもなんとも思わないサイコパスの人がいて、このサイコパスの人は罪悪感自体がないんですね。つまりブスッと人を刺しても知らん顔をして、それを悪いとも思わない。

これは普通のサディスティックな殺人者とは違うわけです。サディスティックな殺人者、大量殺人を起こす人というのは、良い悪いはわかっていて、悪いことをしたという意識があります。ところがサイコパスといわれている人はそういう意識は全くない。そういう人の脳を調べる研究とか髄液を調べる研究で、少なくとも数十人以上の平均値が出てきました。そうしますと、この暴力犯罪者では5ヒドロキシインドール酢酸が少ないということがわかってきた。

これはおかしいんですよ。みなさん今日の話で一番大切なところはこの辺ですからよく考えてくださいね。いいですか、暴力犯罪者というのはうつ病の人とはいっさい違うんです。悪いことをしたり、カーッとなってキレるタイプの人間ですから。しかし、キレるタイプの人間でも、何もやる気のないうつ病の人でも同じように5ヒドロキシインドール酢酸が少ない。この両方をうまく説明する理論というのはありますか？

おとなしくなって何もやる気がないというときに5ヒドロキシインドール酢酸やセロトニンが少ないということが、今までわかってきているわけです。ところがパッとキレて

「なんだこのやろー」なんて言ってる人でも5ヒドロキシインドール酢酸が少ないんですね。この両方をうまく説明することがなかなかできなかったのでみんな非常に困ったわけです。

うつ病と暴力犯罪者の違い

ところがまたここでブレイクスルーがありました。うつ病というのは両方（5ヒドロキシインドール酢酸とセロトニン）少ないが、暴力を振るう人は両方少ないわけではなくて、セロトニンから5ヒドロキシインドール酢酸に行く反応だけが低いのではないだろうか。つまり、セロトニンは多いのだけれどもセロトニンから5ヒドロキシインドール酢酸への化学反応を司る酵素の活性が低いために、外に出る5ヒドロキシインドール酢酸が少ないのではないだろうか。そうなると話の筋道がつくわけです。

今のをちゃんとまとめてみますよ。うつ病はセロトニン自体が少ない。これはセロトニンの合成過程が悪いのかもしれませんね。何が悪いのかわかりませんが、セロトニンが少ない。だから分解産物の5ヒドロキシインドール酢酸も少ない。ところが暴力を振るう人ではセロトニンは多いのですが、セロトニンを分解する酵素（ＭＡＯと呼ばれています）の活性が低い（図1参照）ため、5ヒドロキシインドール酢酸の量が少なくなる、というふうに考えられるようになりました。

どうしてそんなことが言えるのかというと、このMAO活性がゼロの家系が見つかったからです 注 。遺伝的にMAOを欠損している家系があって、その家系のなかで遺伝子が欠損している人は非常に暴力的な行動を起こすことがわかりました。このことから、MAOというのは暴力に関係する遺伝子ではなかろうかと考えられるようになりました。

そこで一〇年前、TimesとかNews Weekに「軍隊には、まずMAOの活性を測ってから入れるといい」という話が出ました。みんなびっくりしました。MAOの活性で暴力性が決まるのだったら、生まれたての赤ちゃんでも遺伝子を調べてみれば「こいつは将来暴力的なやつになる」とか「この人はおとなしい」ということがわかってしまう。そんなことがわかったら大変です。ところが、MAO活性がゼロの家系では暴力とMAOの相関は正しいのですが、すべての家系で相関しているわけではない、ということがその後証明されました。

そして研究が進み、このうつ病と暴力の違いはもっと他にあることがわかりました。暴力を振るう人、特に男性は、男性ホルモンが普通に比べて非常に多い、またアドレナリン

注 正確にはMAOAという酵素

というホルモン（カッとしたときに身体の中で分泌されるホルモン）も他の人に比べて多いということもわかったのです。つまり暴力行動というのはこれらが合わさって起こることなのではなかろうか、と話が収斂していったのです。

最初はこの5ヒドロキシインドール酢酸が暴力でもうつ病でも少ないということで、こんなことは説明できないのではないかといわれていたのが、だんだん話がうまくまとまってきて、たぶん現在の教科書にはこんなふうに説明がついています。つまり、セロトニンという物質は人間の気質にかなり関係があるらしいということです。

このように現在は、物質が脳の気質に関係しているという話がだんだん認められるようになってきている段階です。そこで結論を言いますよ。

結論
・ハーム・アボイダンスが高い↓セロトニンが少ない
・ハーム・アボイダンスが低い↓セロトニンが多い

このことがセロトニンを研究している人や、心理学者の中でかなり信じられるようになったのです。

セロトニンを出す神経細胞

それでは、このセロトニンが働くメカニズムとは？　ここからちょっと大学らしい難しい話になります。面白い話はもうちょっと待ってください。

脳の中の一つの神経細胞は一つの物質を分泌すると考えられています。そして、神経細胞は図2のようになっていて、細胞の中で作られるいろいろな物質は長い軸索を伝って運ばれていきます。そこで次の神経細胞があると、その次の神経細胞にそれらの物質を一番末端から分泌して渡していきます。渡すとくっついた刺激によって次の神経細胞から興奮し、電気が伝わっていくわけです。

ところが脳の中には何種類も神経細胞があって、セロトニンを分泌する神経細胞と、ドーパミンを分泌する神経細胞は別の細胞なのです。一つの神経細胞は一個の伝達物質を分泌する、でしたね。脳の中でセロトニンを分

図2　ニューロンとシナプス

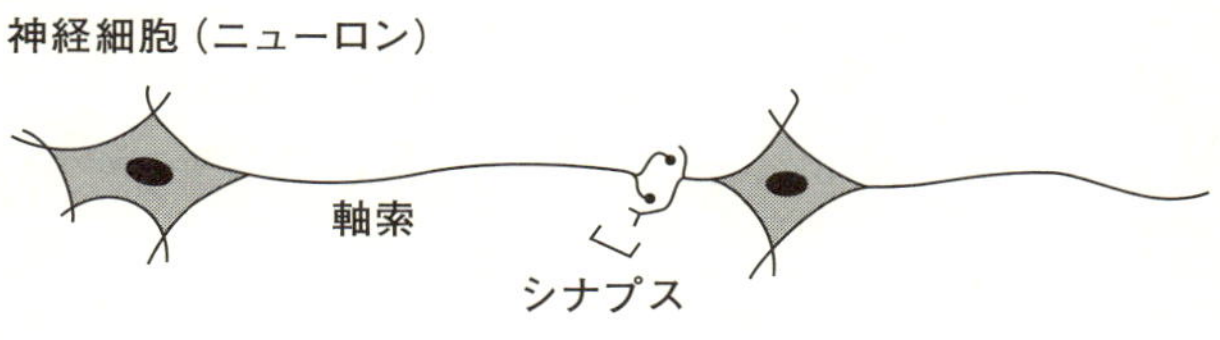

泌する神経細胞はどれくらいあるかというと、半分とはいわないまでも約三〇～四〇％とかなり多い。脳の中でセロトニンを分泌する細胞は多いということを覚えておいてくださいね。脳の中はかなりの部分、このセロトニンという物質によって電気が伝わっているわけです。

セロトニンで不安解消

セロトニンが先程のハーム・アボイダンスにどう関係しているかということを知るために、セロトニンのメカニズムを調べる研究が行われました。そこでセロトニンが分泌される神経細胞を眺めてみると面白いことがわかってきました。

セロトニンは電気刺激で分泌されます。ここまではいいですね。一方セロトニンを受け取るほうには受容体（レセプター）というものがあります（図3）。ところが、この受容体はセロトニンを分泌する神経細胞上にもあることがわかってきたのです。

刺激を出すほうを「前シナプス」、刺激を受け取るほうを「後シナプス」と言いますが、前シナプスにもセロトニン受容体があって、これはいったい何をしているのかということになったんですね。普通、受容体は受け取る「後シナプス」のほうだけにあるものです。ところがセロトニンに限っては「前シナプス」にもあるのです。この「前シナプス」の受容体の機能が非常に面白いところです。どのように機能するのか、今から簡単にご紹介します。

非常に不安になったときにはセロトニンの分泌が少ないということがわかってきました。では、セロトニンの分泌をよくすれば不安が解消されるはずです。そこで、電気刺激を与えてセロトニンを出やすくしたらどうなるか、という実験が考えられました。でも、みなさんの脳を電気で刺激することはできないのでどうしたかというと、賢い人がいて、動物実験で自分の製薬会社にある一万何千種の薬を全部ネズミに注射したのです。

これはアメリカのイーライリリーという会社が行ったことで、注射して一時間後、ネズミの脳をすりつぶしてセロトニンがたくさん出ている薬はどれかと調べたのです。こんな面倒なことをして何がわかったかというと、ネズミに注射すると脳の中のセロトニンの量が一〇倍増えるという薬が見つかったのです。

図3　セロトニン神経

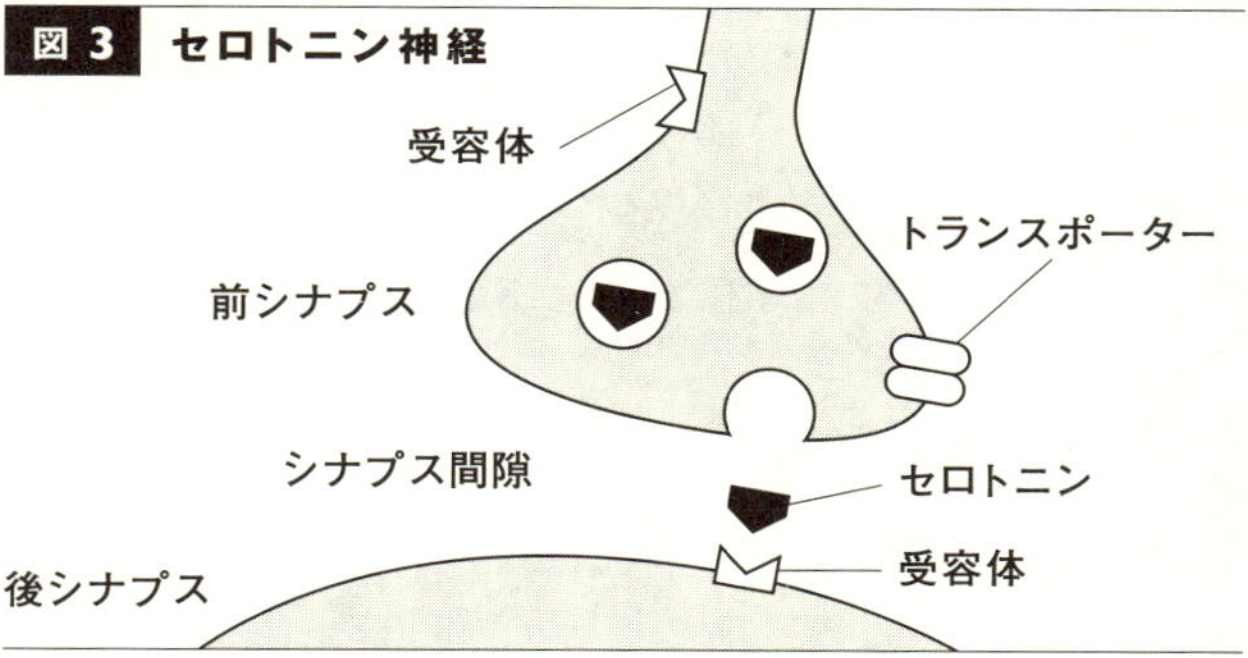

「それを人間に投与するとひょっとして不安がなくなるのではないか。そんなにうまくいくかどうかわからないが」といって実験したその薬が今世界でベストセラーになっている薬になりました。その薬はプロザックという不安を抑える薬なのですが、元々はセロトニンの分泌量を増やす動物実験ではじめて発見された薬なのです。

後になってわかったのですが、その薬はセロトニンをたくさん分泌しているわけではありませんでした。セロトニンは分泌されたらどうなるかというと、後シナプスの受容体にくっつくか、自然となくなるか、それともう一つ、前シナプスのトランスポーターという入り口（図3参照）から元に戻ってくるか、の三パターンあります。そしてイーライリリー社が作ったプロザックという薬は、この戻る口を塞いでいるということがわかりました。つまり何度も何度も放出されたセロトニンが元に戻らないためにシナプスでのセロトニンが非常に多くなって不安が解消する、ということが明らかになってきたんです。これも大きな状況証拠になりますね。セロトニンが増えるとハーム・アボイダンスが低くなる。その細かいメカニズムがこういうことだということがわかってきました。

もう一つブスピロンというう病を抑える薬があるんですが、このブスピロンという薬は、セロトニン受容体を刺激することがわかってきました。抗不安薬ブスピロンは後シナプスのセロトニン受容体を刺激して神経の伝達を速くします。つまりセロトニン神経の伝達がスムーズになって不安がなくなるというわけです。この違うメカニズムの二つの薬が両方不安の解消に効くということから、セロトニンが不安に非常に大事な物質であるという話に落ち着いてきました。

最後に、前シナプス側の受容体はなんのためにあるのでしょうか。この働きを知ると、人間というのは非常にうまくできていることがわかります。

セロトニンが出っ放しになると普通は困るんです（暴力犯罪者にはセロトニンが多いと考えられています）。そこでフィードバックというのが起こるのですが、分泌されたセロトニンが自分自身の受容体のところに戻ってくると、その次からセロトニンが分泌されにくくなるんです。つまり自分自身でフィードバックをかける。出すぎたら次出るのを少なくしろというメカニズムがセロトニンだけに働いていて、自分自身でオートレギュレーション（自己抑制）をしていることがわかりました。

この三つの事実から神経伝達のメカニズムがはっきりしてきたので、このセロトニン説は正しいと教科書に書かれています。

理由がないのに恐い

こんな話は面白くないですよね。本当は自分の不安はどうやって解消することができるかということが知りたいわけです。では、その話にちょっと入っていきます。

私たちは非常に奇妙な経験をしています。その奇妙な経験というのは「何かが恐い」ということを経験した人が多いということです。私はあまり恐いものはないのですが、どちらかというと高所恐怖症です。では、「なぜ高いところが嫌いなの?」と聞かれても、それは説明できません。

有名な話ですが、生まれたてのチンパンジーの赤ちゃんに蛇の写真、または蛇の模型を見せると、蛇というものをはじめて見たにもかかわらず非常に恐がります。自分が経験していなくても何かが恐いということを感じるのです。これは単純恐怖症といい、この単純恐怖のメカニズムがわかれば大発見です。ところがこれが非常に難物でありまして、なぜ恐いかということがわからない。蜘蛛を見て恐がる人もいれば、イヌが恐いという人もいる。このような理由なく恐いという症状をフォビアと言います。

よく挙げられる例として、歯医者に行くことを考えただけで恐くなるデンタルフォビアという人がいます。特に歯医者に行って、あの「キーン」という機械の音を聞くと手に汗がじわーっと出てくる。これは典型的なデンタルフォビアの症状です。

また、歯医者に予約をしていて、行きたくないなーと思っていると雨が降ってきたとします。そうすると雨が降ってきたせいにして歯医者に行かない。いったん行かなくなるとずっと行かなくなる。これはデンタルフォビアの第二の典型的な症状です。

もう一つ、口を開けたときに首が絞め上げられる感じで死にそうになる。でも医者には言えないので、顔が真っ青になってしまう。これもデンタルフォビアの典型的な症状です。そういうことになった人はいませんか？　これは、教科書に出ているフォビアです。

また、例えばヘモフォビアという、血が恐い、血が流れるのが恐いという人がいます。実は学生に一人いるんです。ニワトリの解剖実験のとき、ニワトリを割いてちょっと血管を切って血が出た瞬間にその学生はぱたっと倒れて真っ青になり、ベッドに二時間くらい寝ていました。もう、絶対にだめなんだそうです。お刺身を作るときに魚の血を見ただけでも気持ちが悪くなるといいます。こういうヘモフォビアという症状があるんですね。

ハハハと笑っていますけれども、当人にとってはとんでもない症状なんです。Timesという雑誌に載っていたのですが、ヘモフォビアがひどくなると、「何かを切り裂く」と聞いただけで失神してしまう。つまり、「切り裂く」と聞いただけで、血が出ることを頭の中で感じてしまい、恐くなってどうにもならなくなりパニックを起こしてしまう。こういう単純恐怖症というのはなかなか恐いものです。

www.phobialist.com というサイトを見てみると、セイウチが恐いっていうセイウチフォビアとか、日本人が恐いというジャパニーズフォビアとか、そういう症状が五〇〇例くらい載っています。こういうフォビアリストというのが世界中に出回っていて、それを見ると恐いものって何から何までいっぱいあることがわかります。ところが本人にしてみると、どうしてそれが恐いのかわからず、恐くなるとどうしようもなくなってパニックになってしまうのです。

そういうときの脳がどうなっているかがわかると、不安というものがどのように発生するのかが明らかになるはずなんです。もちろん世界中の研究者が研究していますが、残念ながらこの単純恐怖症が治らないんですよね。高所恐怖症が薬で治るという例が滅多にないのです。どうして高所恐怖症が起こるかわからないのです。

三大フォビアと呼ばれているものがあって、一番多いのは今言った高所恐怖症、次に多いのが閉所恐怖症で、三番目は社会恐怖症というものです。閉所恐怖症というのは狭いエレベーターに乗れない、電車に乗れない、狭いところに人がたくさんいると窒息しそうになってくる、というものです。三番目の社会恐怖症というのは、人前に出るとか誰かが自分になにか悪いことをするんじゃないかと思ってしまい、恐くて外に出られない。そして家に引きこもってしまうというものです。これらが三大フォビアと呼ばれていて、非常に多い。

このなかで社会恐怖症だけは今薬が発売されていて、アメリカではパキシルという薬がこの社会恐怖症に効くことがわかっています。しかし、残念ながら閉所恐怖症と高所恐怖症に効く薬は今のところ見つかっていない。薬が見つかれば脳の問題だということになるけれど、薬が効かないということは社会的な問題、または教育の問題かもしれないということなんです。小さいときに非常に恐い目に遭って、それが体の中に残り心的外傷後ストレス障害（post-traumatic stress disorder：PTSD）みたいになってしまっているということもありうるわけです。

この単純恐怖症に関しては、非常に研究が進んでいる現在でも、まだ理由がわからないのが現状です。恐い話ですね。

ノイローゼという不安

不安を分類しますと、単純恐怖症の他に、全般不安神経症というのがあります。昔はノイローゼと言われた病気で、現在ではノイローゼとは言わず、全般不安神経症という名前に変わりました。

言っていることは同じで、先程言ったハーム・アボイダンスが非常に高いため、非常に疲れた、消耗した印象を受ける。お年寄りが多くて、「疲れました」「夜眠れません」という症状でお医者さんのところに来るといわれています。よく原因を聞いてみると、「うちの嫁が私の言うことを聞いてくれない」とか「隣のばあさんと喧嘩した」というわだかまりが心の中にあり、夜眠れなくなって、寝ていても汗が出て目が覚めてしまうということだそうです。

「せざるをえない」という不安

あとは強迫神経症。これは何かをせざるをえない、という病気です。例えばお風呂に入って体を洗い始めると、いつまで経っても汚いと思い込んで二時間も三時間も洗い続ける、洗わざるをえないという症状です。

この強迫神経症も非常に治りにくい病気と考えられています。一度やらざるをえない（強迫行為）という状況になると、非常にドキドキしてきて、パニックを起こすわけです。パニックを起こして毎回毎回同じ行為を繰り返してしまう、という病気です。

簡単な強迫神経症にはみなさんよく知っているように、家の戸締まりが何となく気になって眠れないというものがあります。何度も何度も確認をしてしまう。このような確認行為も強迫神経症の代表的な症状になります。

別の例を挙げると、自分の手がばい菌に汚されたと思うともう手を洗わざるをえない、というものもあります。このような症状の人は三〇分に一回くらい手を洗っています。ドアがあると、把手が一番汚いので触れません。外に出るときは誰かが外に出るのをじっと待っていて、誰かがドアを押してくれたとき一緒について出る。これは汚れるのが恐いわけです。

また、役に立たないのにレコードを集め始めたら止まらなくなり、興味がなくなったのに新曲が出るとレコードを買ってしまうとか、別にお金が儲かるわけではないのにまだ切手を集めているとか、そういうのも強迫神経症に近い例です。次回の第2講義で具体的な例をご紹介します。

実は私にも強迫神経症の症状があって、自動車が走っているとナンバーの四桁の番号をすぐ足し算してしまう。もう、意味がなにもない。切符の番号を足したり引いたりして一〇にしなさいなんて聞いたことある人いる？　それじゃないんです。私は足し算するだけなんです。とにかく四桁を見ると足し算する。ところが面白いことに五桁を見てもそういう気は全く起こらないんですね。三桁でも起こらないんだけれども、四桁になると自然と足して一〇になるのはどれかなーって思って、速く暗算できたほうが俺は頭がいいんだって自分で思っているわけです。なるべく速く足し算しようとしてしまうのです。そうせざるをえなくなる。これも強迫行為です。

なぜ「せざるをえない」のか？

こういう強迫行為はなぜ起こるのか。単純恐怖症や全般不安神経症は生活にかかわってくるけれど、強迫神経症はあまり生活にかかわらず、本人だけの問題なわけです。だからあまり治療しようという試みが起きなかったのですが、面白いことに強迫神経症にはいい薬があることがわかった。びっくりです。単純恐怖症に効く薬はほとんどない。ところが二番目の全般不安神経症には効く薬がある。強迫神経症にも薬が効く。薬が効くということは、脳の中のある物質が少ないのか、多いのかという物質の問題になってくるのです。そのような原因があって不安神経症が起こりうるということになります。

日本の古い物語に出てくる狐憑きという話は知っていると思いますが、「自分に誰かがとり憑いた」というのも強迫神経症の一つの有名な症状です。とり憑いたと頭の中で考えてしまうので、自分が狐になってしまうとかね。日本では狐が憑きますが、外国では悪魔がとり憑いたとかいう症状になってくるわけで、とり憑くものは社会によって変わってくる。だけども、どこの社会でもこういうことが起こるということは、やはり強迫神経症には何か共通のメカニズムがあるに違いない。

簡単に言うと、いつまでも同じ考えが浮かび上がってくるというのは神経回路がずっと回っていて止まらない、ということになるわけです。みなさんが何か嫌なことにあっても すぐに忘れてしまうというのは、神経回路の途中で抑制性神経というものが神経の伝達を 抑えているわけです。神経の伝達が抑えられるとその物事を忘れたり、何かしようという 意欲がなくなったりするわけです。ところが強迫神経症ではいつまでも同じ考えが浮かび 上がってくる。ということは、抑制がかからないということになりますよね。頭の中で同 じ回路がずっと回っているのです。

そこで過去にこんな恐ろしい実験も行われました。もし神経回路が止まらないのだった ら脳にメスを入れれば治るのではないかということで、強迫神経症がひどい人の脳の前頭 葉を外科手術的に切り取るということがずいぶん昔には行われました。一部では強迫神経 症は治ったけれども、他の知的障害が出てきた。もちろんそうですよね。脳にメスを入れ たらとんでもないことが起こるに決まっていますので今では行われていませんが、昔はこ ういう理論で外科手術によって強迫神経症を治すことも実は行われていたのです。

ちょっと言いますと、強迫神経症の薬クロミプラミンは、実はセロトニン受容体に結合 することがわかっていて、この強迫神経症というのも、どうもセロトニンの「分泌」に関 係があるのではないかとみんな疑っています。つまり、強迫神経症と全般不安神経症は両 方ともハーム・アボイダンスが高いのですが、症状としてはちょっと違うほうに出ているわけですね。どちらも脳の中のセロトニンの流れがおかしいことは確実らしいんですけれども、現在はまだそこまでしかわかっていません。

PTSDはストレスが原因ではない？

さあ、あとは最新のPTSDのお話をしましょうか。今話題になっている心的外傷後ストレス障害と呼ばれているものです。なにか体にトラウマが起こったとき、つまり心に非常に引っ掛かる出来事が起こったときに、何度も何度もそのことを思い出してしまう、というストレス障害の一つです。

このPTSDが一番起こりやすいのは、自分が非常に大事だと思っている人が亡くなったときです。例えば大切なおばあさんが亡くなったときとか、もちろん夫婦の一方が亡くなったときもそうです。その次は誰かが死んだのを目撃したときに起こりやすいことがわかっています。その次は数的にいって、非常に大きな事件が起こったときや、地震が起こったとき、戦争が起こったときです。そのような体験をすると、例えば大きな音を聞くとそのことを思い出して何もできなくなってしまうのです。このPTSDのメカニズムもだんだん明らかになってきました。

その前にストレスというのはどう起こるか、ということを知っていただきましょう

（図4）。私たちが非常に強いストレスを受けると、脳の中の視床という部分から脳下垂体というところに、コルチコトロピン放出ホルモン（CRH）というホルモンが出されます。さらに脳下垂体から副腎皮質に向かって、副腎皮質刺激ホルモン（ACTH）というホルモンが分泌されるわけです。問題はここからで、刺激された副腎皮質からコルチゾールが分泌されます。このコルチゾールというのがストレスの元になるわけです。

だからストレスがあるとどんな動物でもコルチゾールがどんどん分泌されます。逆に言うとコルチゾールを注射すると、ストレスを受けたのと同じような症状をネズミに作り出すことができるわけです。

血液の中のコルチゾールが多くなる、というのがストレスの元ですが、非常に興味あることにうつ病でもコルチゾールが非常に多いんです。つまりうつ状態（おとなしくしていて、外にも出たくない状況）というのは、や

図4 PTSDとフィードバック

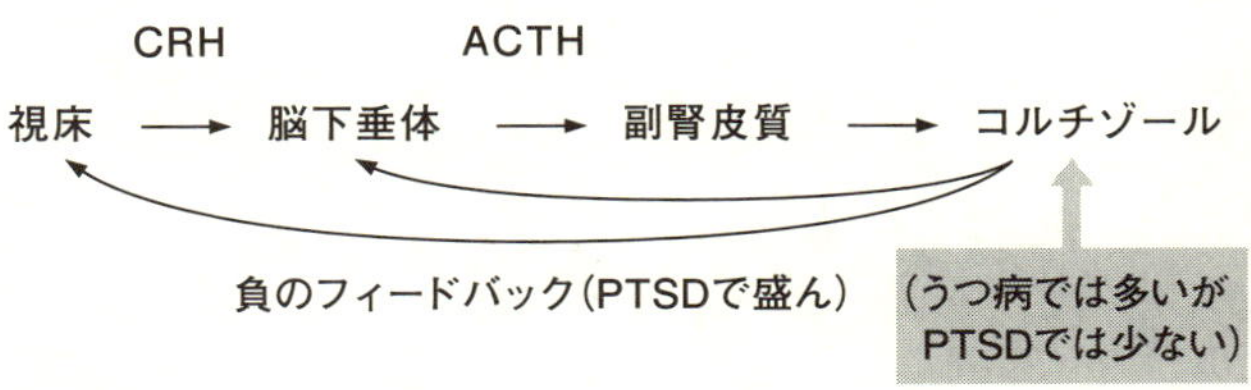

はり体にストレスが与えられている証明になるのです。でも面白いことにごく最近、ＰＴＳＤではコルチゾールは意外と少ないことがわかってきて、このＰＴＳＤという病気は、単なるうつ病とは脳でのメカニズムが違うということもはっきりしてきました。

結局ＰＴＳＤって何だ？

でもこれは不思議な病気なんですね。ストレスというのは人によって違う。何をストレスと感じるかも違う。もう一つはストレスの大きさというのも人によって違うわけです。阪神・淡路の大震災のときも、あれを経験してあまりストレスを受けない人もいる。人によってストレスの受け方が違うわけで、誰でもＰＴＳＤになるわけではないのです。

このＰＴＳＤという病気が出てきたのは今から一〇年前の湾岸戦争からです。戦争から帰ったアメリカ兵が非常に大きな音を聞くと、戦争のことを思い出して仕事が手に付かなくなったことからそういう病気があるんじゃなかろうかということになって、新しい病気としてＰＴＳＤが登録されたわけです。今までなかったんです、そういう病気は。

戦争から一〇年経って、ではＰＴＳＤの人がどうなったかをフォローアップしました。すると、ずっとＰＴＳＤの人もいるけれど、コロッと忘れた人もいる。また、湾岸戦争に限ったことだったのに、全然違うことで、例えば火事にあってＰＴＳＤになる人も出てきて、ＰＴＳＤという概念自体がはっきりしなくなってきたんです。

いいですかみなさん、ＰＴＳＤは今これだけ話題になっているけれども、こんな病気はないと断言する人もいるんです。悪い言い方をすると、嘘をついているんではなかろうか、と言う人もいる。もちろん現実にＰＴＳＤで非常に困っている人もいるので、それを正面切って嘘とは言いづらいのですが、では嘘か嘘じゃないのかを調べる方法はあるのかというと、実はないのです。

ここがＰＴＳＤの非常に大きな問題で、決まった症状がない、診断の決まった過程がない、決まった治療法がない。となると、このＰＴＳＤという概念も非常にあやふやな概念になってくる。このことが問題になってきました。

ところが研究が進むと、どうもＰＴＳＤは個人差に非常に関係があるらしいということがわかってきました。また事件の性質にも非常に関係があることもわかってきた。どういう人がＰＴＳＤになるかというのはわからないのですが、ＰＴＳＤになるかならないかは恐怖に対する受け取り方によるところがあるのです。

要するに、このような病気が出てきた背景には、今までどういう人生を送ってきたかということや、生まれ育ってきた社会の様相が関係してくるわけです。つまりこのＰＴＳＤというのは非常に強い社会的要因があります。

PTSDの原因の一端は脳にある

日本で一番PTSDの研究をしている東京大学医学部の加藤進昌先生注1が、日本全国のPTSDの患者のデータを集めておられます。そしてそれらの患者さんに共通した性質が何かあるだろうかと調べていったところ、非常に奇妙なことに脳の一部が委縮していたというのです。記憶を司る海馬というところがPTSDの患者さんに限っては少し委縮しているようなのです。

そうなるとこれは脳の形の話になりますので、脳実質がどう変わってきたかということを調べないと原因がわからない。今までは社会的な問題だけが原因とされてきたんだけれども、脳自体の違いや、遺伝的な素因でこういうことが起こる可能性が出てきました。つまり何か心に非常に強いストレスを受けたとき、例えばコルチゾールが非常に出やすい人はうつ病になって、コルチゾールは少ないけれども別の物質（ここでは調べていないけれども）が出てくるような人がPTSDになりやすいのかもしれないという可能性が出てきました。だから遺伝的な素因もあるかもしれないというところが現実の話になっています。

脳のことがわかってきて今後どうなる

みなさんが思っている以上にこの病気の存在を信じていない人が多い。今テレビを見ると、一〇〇％こういう病気はあることになっていて、この病気が非常に大きな社会問題になっていますが、実は科学的にはあまり解明されていない病気です。さっき言ったように、驚くべきことに全部こんな病気は嘘っぱちだって言う人もいる。

有名な話で多重人格というのは知っていますね。多重人格は、子どものときに虐待された人がなりやすいという説があります。逆に多重人格者は全員が嘘をついているのではないかという説もあって、実は多重人格についてもわからないんです。そういう病気があるかどうかについても全くはっきりしないし、誰もそういうことを調べていない。だから多重人格とPTSDという病気に関しては、まずこういう病気がどんなものかというのがわからないといけない、というような状況なのです注2。

しかし、現在はホルモンのことが結構わかってきて、私たちの感情にどう影響するかというところまできました。私が君たちぐらいの学生の頃は「こういうことはいっさいわか

注1　現・昭和大学医学部教授

注2　多重人格の脳を調べた研究が二〇〇三年に発表され、人格が変化したときMRIで血流の変化が脳の特定部位で確かに起こることがわかった。

りませんから、こういうのは社会的な問題です」とか、「親の育て方で決まっているんです」なんていう時代だったんです。それに比べて今はずいぶんわかるようになってきました。私がここで文系学生に生命科学をはじめて教えたときは、「このPTSDの原因は、わかりません」と書いて授業は終わっていました。ところが五年以上経ったら、もうこんなことまでわかってきました。

これは大問題ですよ。脳の中の物質が原因で起こるということがもし本当だったら、PTSDになりやすい人となりにくい人を調べることができるわけです。同じように、もし知的機能の遺伝子がわかっていれば、君たちから髪の毛三本もらうだけでもう私は君たちの知能がわかるわけです。「試験の答案に髪の毛を貼れ」などという問題を作って、髪の毛の遺伝子の型だけで点数を付けることだって可能なわけです。そういうことが理論的には可能なんですよ。

こういう研究というのは、日に日に進んでいるものですから、みなさんにはこういうことにぜひ興味をもっていただいてこの授業に参加してくれると嬉しく思います。今後は、今大きな話題になっているキレる子どもなどの社会的な問題から、倫理の話へといきたいと思います。

第2講義

気分を変える薬

二回目は、薬物の話にしました。こころの分子メカニズムの解明は、実は薬剤の研究から始まったことを知っていただきたかったことと、実は気分などが薬剤で簡単に変えられる例があり、薬剤が脳の化学反応を変えていることを学びます。もちろん、最初から難しい話を理解するのは無理なので、ごく身の回りの話で場を盛り上げました。

私は勉強に向いている人がいるかいないかを研究しています。だから本当はみなさんから遺伝子をとって、この人は勉強に向いている、こりゃだめだ、というのがわかるようになるのを目指しています。

これが知能（第3講義）の話に結びついていくのですが、今日は薬物の話をいたします。なぜ薬物の話か。第1講義で「知・情・意」の話をすると言いましたが、それらのすべての研究は、薬物の研究から始まったのです。

薬がどう効くのかがわかったから人間の知的機能のいろいろなことが明らかになってきました。今回の第2講義では、そのいろいろな例についてお話しします。

アレルギーを防ぐ薬から胃潰瘍を防ぐ薬へ

ヒスタミンという物質を知っていますか？　これはアレルギーのときに体の中の肥満細胞というところから出てくる物質です。このヒスタミンには毛細血管を拡張する働きがあります。これが原因で花粉症ではうさぎのように目が赤くなるのです。

また血管透過性も増すので血液の中の物質が外へ流れていきます。これがじん麻疹です。ぷくっと膨れるのは血液からある成分がしみ出してくるからです。このようにヒスタミンにはいろいろな作用が知られていますが、もう一つ面白い作用があります。ヒスタミンを胃に投与すると胃酸が分泌されるのです。

ヒスタミンの作用
毛細血管の拡張……目が赤くなる（花粉症）
血管壁の透過性が大きくなる……じん麻疹
胃酸の分泌……胃潰瘍

ヒスタミンの作用のうち、じん麻疹と目が赤くなるという二つはアレルギー症状としてとても困ったもので、これを何とか防がなければいけないと、世界中でいろいろな薬が作られました。

日本語で書くとあまりいい名前ではありませんが、ボベーという人が一九三七年にヒスタミンの作用を抑える薬を作りました。これはレスタミンという名前で呼ばれ、じん麻疹の薬として使えることがわかりました。これはなかなか素晴らしい発見で、アレルギーを抑えてくれる薬が見つかってよかったのですが、面白いことに胃酸の分泌だけは抑えることができませんでした。

このことからヒスタミンの作用というのはどういうものだと考えられますか？　体の中

でヒスタミンという物質が分泌されると今言ったような症状が出るのですが、レスタミンという阻害物質を使うとじん麻疹と目が赤くなるアレルギー症状は抑え、一方胃酸の分泌は抑えられないということがわかったのです。

みなさんの体の中の血液中には肥満細胞という細胞があって、どうもこれがパチンと破れてヒスタミンが出るらしいということが別の研究からわかってきました。そしてこのヒスタミンが血管の透過性を増してじん麻疹を作り出し、目に行くと目を真っ赤に、胃へ行くと胃酸を分泌するということがわかりました。

ところが、どうやらヒスタミンを受け取るものは二種類あるらしいということがわかってきました。つまり、血液中に放出されたヒスタミンは、一方の受け手にくっつくと毛細血管が拡張し透過性も増す、ところが他方にくっつくと胃酸が分泌される、というようにヒスタミンの作用は受け手によって変わると考えられるようになりました。そこで、片方はH1受容体（毛細血管の拡張と透過性の増加）、もう片方はH2受容体（胃酸分泌）と名付けられました。つまりヒスタミンは二種類別々のところに働くということです。

ボベーの研究したレスタミンはH1受容体（じん麻疹と目が赤くなるという症状）にしか効かないことから、あっ！　とみんな思ったわけです。つまり、逆に胃酸の分泌だけを抑えるものがあるのではないかと思ったのです。

胃酸が分泌されると胃がキリキリ痛みます。「友達と喧嘩したことを考えると胃が痛くなる」「明日試験だ、と思っただけで胃が痛くなる」、そんな経験をした人はいませんか？「誰かが亡くなった」ということを聞いたりして非常に強いストレスを受けると、胃がキリキリと痛みます。そんなとき胃酸分泌を抑える薬があれば防ぐことができます。

ある会社がこのH2受容体を抑える薬（H2ブロッカーと言います）を作り、その薬が非常によく効くということがわかりました。この薬は儲かるということで、いろいろな名前でほぼすべての会社がその薬を売ったおかげで、あんなにたくさんあった胃潰瘍という病気が日本からなくなったわけです。

薬局で薬を見てごらんなさい。H2ブロッカーという薬がいっぱいありますから。これはみんな同じものです。つまりいろいろな薬がありますが、所詮みんな効き目は同じだということです。だからコマーシャルで買うのではなく、必ず「薬のラベルを見せてください」と言って薬局に嫌がられながら買うようにしましょう。もちろん成分は少しずつ違いますが、箱の後ろを見てH2ブロッカーと書いてあったらだいたい効果は同じです。

ここで言いたかったことは、レスタミンという一つの薬が見つかったおかげで、いろいろな体のメカニズムがはっきりしてきたということです。つまり今までわからなかった化学反応が、薬のおかげでよくわかったという代表的な例を一つお話ししました。

風邪薬が熱を下げる仕組み

もう一つ有名な例をご紹介しましょう。今度は風邪薬の例です。みなさんがごく普通に飲む薬というのはどのように効いていて、何が問題かということをちょっとお話しします。

頭が痛い、熱が出た、そういうときに飲む一番有名な薬がアスピリンという薬です。アスピリンは、昔いろいろ副作用が出たりしたのでちょっと問題になったのですが、現在は非常によく使われています。このアスピリンは®バファリンという名前で呼ばれている薬で、熱冷ましによく使われています。

その他にアセトアミノフェンやイブプロフェンという薬があって、これらが代表的な三つの鎮痛薬、解熱薬です。だいたい風邪薬にはどれかが入っています。

アスピリンの代表例は®バファリンですが、アセトアミノフェンの代表例はアメリカでよく売られている®タイレノールという薬です。私がアメリカに住んでいたとき、熱を出した子どもに®タイレノールを飲ませたらピタッと熱が下がりました。素晴らしい薬ですよ。ところが®タイレノールの副作用で子どもが死んだりしたものですから、みんな恐いっていってました。でも私が今まで知っている解熱薬の中で一番よく効く薬です。アセトアミノフェンは®タイレノールだけではなく、他のいろいろな薬の中にも入っています。

また、イブプロフェンで一番よく売られているのは®アドビルという薬ですが、日本の風邪薬の中にも最近イブプロフェンが非常によく使われるようになりました。

これらの薬の原価が一錠いくらくらいかというと、アスピリンは六円くらいです。一瓶の中に一〇錠入っているとすると、一瓶六〇円くらいです。それをいくらで売っているかと考えると、製薬会社ってすごく儲けていることがわかります。でも他の薬と比べると単価が安いので効くことは非常によく効くのですが、こんな薬は作ってもあまり儲かりませんから会社はそんなに一生懸命売りません。

薬の値段というのはものによって非常に違っていて、これが例えば臓器移植に使う拒絶反応抑制剤のサイクロスポリンという薬だと一日一万五〇〇〇円くらい。そういう薬に比べると六円というのはゴミみたいなものですから製薬会社はどっちを売ろうとするかというと、サイクロスポリンのほうをたくさん売ろうとします。

また、一般的な抗癌剤はだいたい一日三〇〇〇円から五〇〇〇円くらいです。それに比べたらアスピリンはもう屁みたいなもんですよね。ところがこのアスピリンは体にすごくいいことが最近の研究でわかってきたんです。今回のメインの話とは違いますが、このアスピリンの話は非常に興味ある話なのでちょっとだけご紹介します。

このアスピリンというのがなぜ効くかというのを、化学反応で説明させていただきます

(図1)。アラキドン酸という物質(食物の油に入っているものです)があって、これはみなさんがお肉を食べると必ず体の中に入ります。これはCOXと呼ばれている酵素の反応によってプロスタグランディンH2という物質になり、これからトロンボキサンA2とかプロスタサイクリンが作られます。

ふんふんと見ていただければいいですよ。だけど今からする話はみなさんの命にかかわるかもしれないので、真面目に聞いておくと役に立つと思います。このトロンボキサンA２は血液を凝固させる物質です。一方プロスタサイクリンというのは凝固を阻止する物質です。油っこいものを食べると心筋梗塞になりやすいというのは、油を食べるとトロンボキサンA２ができる経路が働くため、血液が固まりやすくなるのです。

ところがみなさんもよく知っているように、魚の脂肪を食べるとそのなかに含まれるエイコサペンタエン酸（ＥＰＡ）とかドコサヘキサエン酸（ＤＨＡ）という物質によって血がさらさらになります。これはプロスタサイクリンができる経路が働くためなのです。ですから、魚をよく食べるエスキモーの人たちは心筋梗塞がほとんどありません。つまり、トロンボキサンA２ができるかプロスタサイクリンができるかは食べた物質によって違うわけです。アラキドン酸という脂肪酸を食べるとトロンボキサンA２ができ、ＥＰＡやＤＨＡなどを食べるとプロスタサイクリンができる。ＥＰＡやＤＨＡは、いろいろなサプリメントの中に入って最近よく売られていると思います。

この経路には実はもう一つプロスタグランディンＥ２という物質ができる別の経路があって、これができると熱が出るのです。高熱が出るというのはプロスタグランディンＥ２が脳に行って体温中枢に働くからです。だからこの化学反応経路を抑えてやれば熱が止まるのがわかりますね。このアスピリンというのはそういう薬なんです。これを言いたかったのでこんなうるさい話をしました。つまりアスピリンを飲むと熱が下がるのは、図1の反応経路で一番最初のＣＯＸ部分を止めるからです。

風邪薬が長寿薬？

このとき非常に奇妙なことがわかりました。このアスピリンはリウマチの痛みによく効き、一方では解熱剤として体温を下げる働きがあります。ところが、抗凝固作用があることもわかってきたのです。上流の反応を抑え

図1　アスピリンの作用

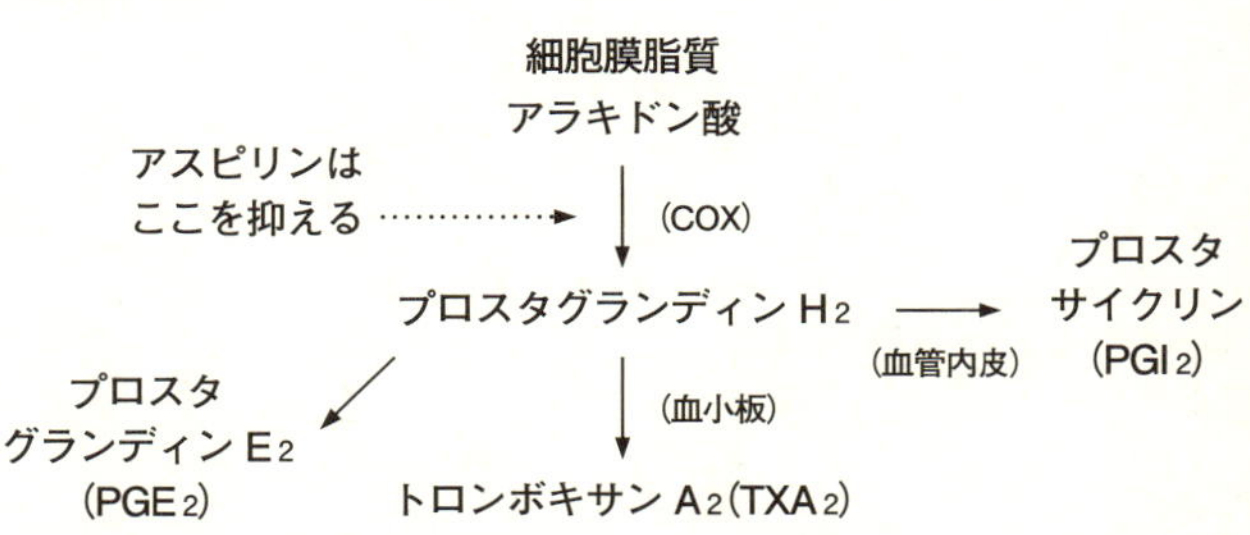

れば下流はもちろんすべて抑えられますからね。

ここで面白いのは、アスピリンをリウマチに対しては一日一グラムくらい飲まないと効かなくて、熱を冷ますには数百ミリグラム必要なのですが、血液凝固を防ぐには数十ミリグラムでいいということがわかってきました。

同じ反応を止めるのなら同じ量が必要なはずなのに、熱冷ましには錠剤一錠分の量が必要であるのに対し抗凝固作用には錠剤一錠の三分の一程度で十分なんです。だから錠剤を三分の一錠だけ毎日飲んでいれば血がさらさらになって長生きできる。特に五〇歳を過ぎた人は非常にいい効果が得られ、死亡率が下がることが現在わかってきました。

長生きする薬というのは見つかっていなかったのですが、アスピリンが動脈硬化を抑えて長生きする一番いいものかもしれないことがわかってきたのです。決して風邪薬をそのまま飲んではいけません。風邪薬を三つに割って、それを一つずつ毎日飲むくらいがたぶん長生きの秘訣なんです。このことはここ数年欧米の医学雑誌にどんどん出るようになりました。

アメリカの開業医でアスピリンを飲んでいない人はほとんどいないと言われています。学会で海外の人に聞いてみたら当然のように毎日飲んでいると言っていました。「なんでお前は飲まないの?」などと言われて、私は「アスピリンは風邪薬で、風邪をひいたら飲む薬でしょう」と聞くと、「そうじゃない、効き方が違う」と言う。これは非常に不思議ですね。最初が抑えられればそれ以降の反応も全部均等に抑えられるはずで、もしそうならこんなことは起きないはずなんです。

これが今回の二番目のお話になります。実は、最初にお話ししたヒスタミンと同じことがアスピリンでもわかってきたのです。アスピリンの濃度を横軸に、その作用の程度を縦軸にとって、血液凝固をどれくらい阻止するかをある人が慎重に検討したところ、ちょうど八〇ミリグラムのところで凝固作用を抑えることがわかりました（図2）。そして、この抗凝固作用は先程言ったトロンボキサンA2の濃度を下げたためということがわかりました。八〇ミリグラムというのは錠剤の三分の一くらいです。つまり、錠剤の三分の一くらいの量で血液凝固に必要なトロンボキサンA2の生成をピタッと抑えることがわかってきました。

一方、プロスタグランディンE2（発熱作用）の量を抑えるにはだいたい三〇〇ミリグラム必要であるということがわかりました。話が合っていますね。錠剤一錠（アスピリン三〇〇ミリグラム）飲むと熱は下がりますが、三分の一（アスピリン八〇ミリグラムくらい）に減らすと、血液凝固を抑えることができる、ということです。なぜかというと、二つの違う作用が見つかったからです。

図 2 **アスピリンの阻害曲線**

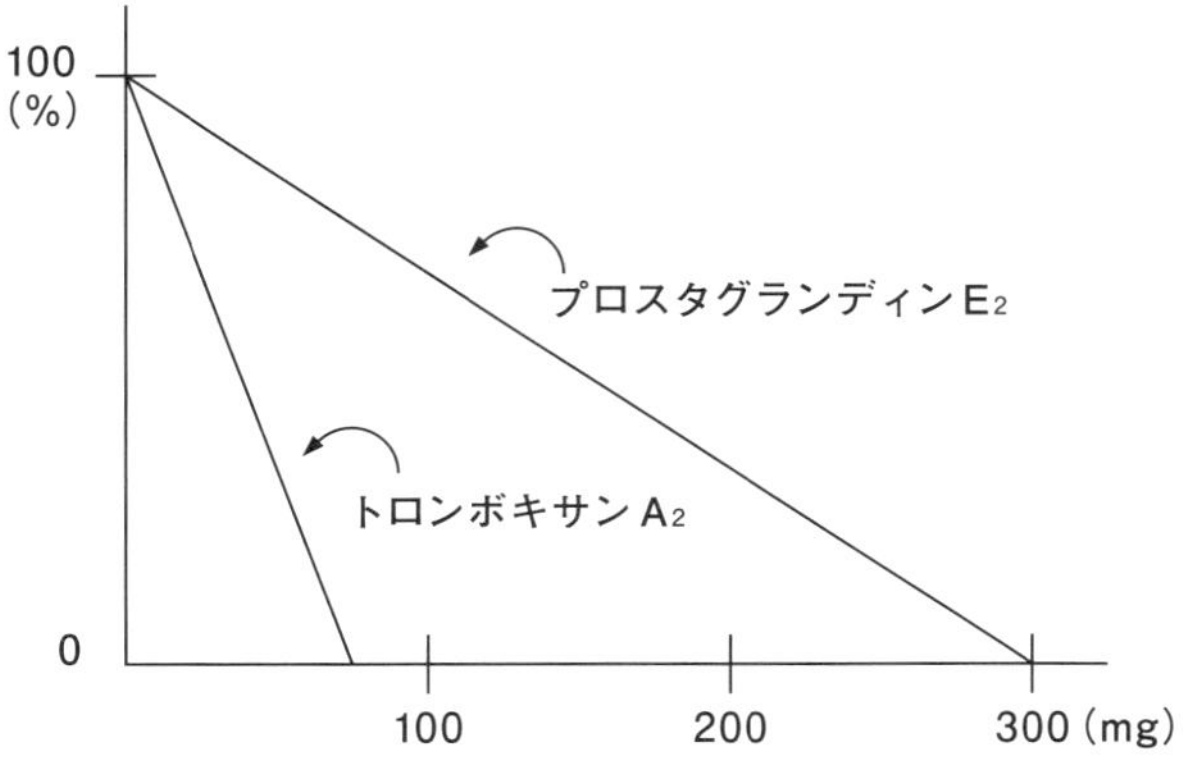

理論的にアスピリンがCOXを抑制するなら、プロスタグランディンE_2とトロンボキサンA_2の量は同じように低下するはずだが、そうはならない。

ところで一錠を三分の一にすることできますか? 包丁で切ろうとするといくつにも砕けてしまったりしますよね。三分の一がマキシマムで、それより多く飲んではだめなんですね。ではどうするか。実は小児用®バファリンがちょうど八〇ミリグラムで市販されています。つまり小児用®バファリンを大人が飲むと血液凝固を防ぐのに非常にいいかもしれません。

この話をまとめますと、風邪薬の研究から一つの薬が違う二つの方向に効くということがわかり、病気の治療法として新しいことが言えるようになったわけです。今回の二つのお話を聞いておわかりのように、私たちがごく普通に飲んでいる薬というのは薬の効果がわかってからメカニズムがはっきりしてきて、新しいことがわかってきたのです。

コーヒーと覚醒剤は紙一重?

薬のお話を二つしましたが、この薬というものは意外ときちっとした結果が出てきます。そこで、薬の作用を調べたら脳の中がわかるのではないか、という気運が高まってきました。ここ一〇年くらいのことです。というわけでここからは脳の薬についてお話しすることにいたします。

私たちの気分は薬によって大きく変わるということはみなさんご承知のことと思います。

一番代表的な例はカフェインです。コーヒーを飲むと気分が落ち着き、あまりコーヒーを飲み過ぎると眠れなくなります。逆にコーヒーを飲まないと眠れないという人も出てきたりしますが、それは例外なのでここでは扱いません。

その他に気分を変える薬でモダフィニルというのは知っていますか？　これはアメリカの食品医薬品局（ＦＤＡ）が認可した薬ですが、カフェインと同じく集中力を増す薬として売られています。これは非常に問題のある薬でありまして、実は最初ナルコレプシー（昼間でも眠くなる病気）の人に対する薬として開発されました。でもこのモダフィニルを飲むとシャキッとするので、ナルコレプシーだけではなくて夜働かなければいけないドライバーのような人たちの注意力を増すために認可されたのです。

これを飲んでシャキッとするのは夜だけではなくて、当然昼だってシャキッとします。特に私のようなつまらん授業を聞いて眠くなっているときには、この薬を飲んでキッと目が開くといいよね、ということでアメリカの学生の間で飲まれ始め、誰でも使うようになったので、これはまずいのではないかということになりました。

二〇〇三年に開かれたパリの国際陸上の一〇〇メートル走でケーリー・ホワイトという女性が一位になりましたが、ドーピングで捕まってしまいました。この薬が原因です。モダフィニルはごく普通の人のなかにも蔓延していて、ちょっと眠いときや、ちょっとだるいときなどにみんなこれを飲むようになってしまっているのです。

これが進むとアンフェタミンになってしまいます。アンフェタミンは今出回っている覚醒剤です。効果としては、アンフェタミンとモダフィニルはほとんど同じです。アンフェタミンは、アメリカ空軍のパイロットの人たちが夜間飛行をするときにシャキッとさせるため、今でもひょっとしたら使っているかもしれません。ところが覚醒剤そのものですから、これを飲み過ぎると非常に問題となります。

となると、機能が同じコーヒー、モダフィニル、アンフェタミンはどこまでが許されて、どこまでが許されないのでしょうか？　モダフィニルがだめだとすると、コーヒーだってだめになるかもしれません。運動する前にコーヒーを飲むことがひょっとして禁止されるかもしれません。今でもある程度のカフェインが見つかるとドーピングでひっかかります。

ということで、覚醒剤の問題というのは私たちの気分を変えるごく普通の薬の話にも結びつきますので、これからするお話は複雑で難しい問題を抱えているということを頭に入れながら聞いていてください。

ターゲットは同じでも効果は正反対

ここに薬物があるとします。この薬物が体の中に入ると必ずこの薬物にくっつくものがあるはずです。体の中のどこにくっついて、どうやって効いているかということを知りたいので、くっつく相手が問題になります。相手さえ見つかれば、薬の効果は、その相手を介して現れるに決まっています。とすると、効果が出るメカニズムを知りたいときは、まずその相手を探すというのが研究の道筋になります。

ここでちょっとだけ専門用語を勉強していただきます。この授業ではあまり専門用語を使わないつもりですが、これだけは知っておいたほうがいいということをお話しします。

例えば、アセチルコリンという物質が脳の中の神経から分泌されると、必ずそれにくっつく相手がいます。この相手のことを受容体（レセプター）と言います。アセチルコリンが受容体にくっつくとその受容体がオンになるのです。そしてオンになると、例えば瞳孔（目の黒いところ）がきゅっと縮小する作用が起こります。その他にもいろいろな作用が起こります。ところが、この受容体にある薬が働いてアセチルコリンと同じ作用をする場合があります。

カフェインの作用も同じです。先程言いました、なぜコーヒーで落ち着くかというと、コーヒーの中に入っているカフェインは脳の中のアデノシンという物質と非常によく似た働きがあるからです。つまり脳の中でアデノシンが働いていた部分にカフェインが働くことによって、気分を高揚させているのです。

アセチルコリンの場合でもムスカリンという毒や、ニコチンという物質が実はアセチルコリンと同じところに働いて、受容体がオンになります。こういう物質をアゴニストと言います（図3・4）。このアゴニストというのは、同じ作用をするという意味です。また、アセチルコリンやアデノシンのように体の中で本来働くべきもののことをリガンドと言います。

ところで、タバコのニコチンというのはアセチルコリンと同じ作用があるので、集中力が増します。タバコを吸うと普段分泌されるアセチルコリンの代わりにニコチンが作用しているんですよ。でも、タバコを吸うといいかというとそうではありません。ニコチンばかり吸うと本来分泌されるはずのアセチルコリンが分泌されなくなりますから、タバコを吸う人はタバコを吸っていないとき知的能力がさがっているというわけです。普通よりも能力が低くなっていますから、タバコは気をつけてくださいね。禁煙して一カ月経つとようやく普通と同じようにアセチルコリンが分泌されるようになることもわかっています。

一方、今度は受容体のところにあるものがくっつくと、その途端にこの受容体がオンからオフになってしまい、いっさい働かなくなる場合があります。本当のアセチルコリンが来ても、いっさい働かない。受容体がだめになってしまうのです。こうやって働かないようにしてしまう物質のことをアンタゴニストと言います。つまりアゴニストはリガンドの

図3 リガンド-受容体相互作用

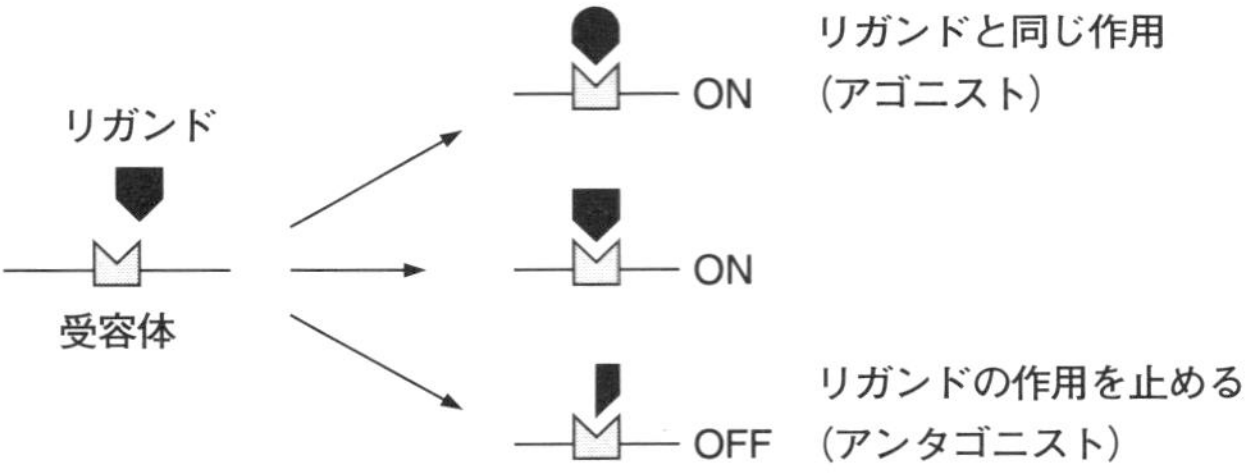

図4 アセチルコリンの働き

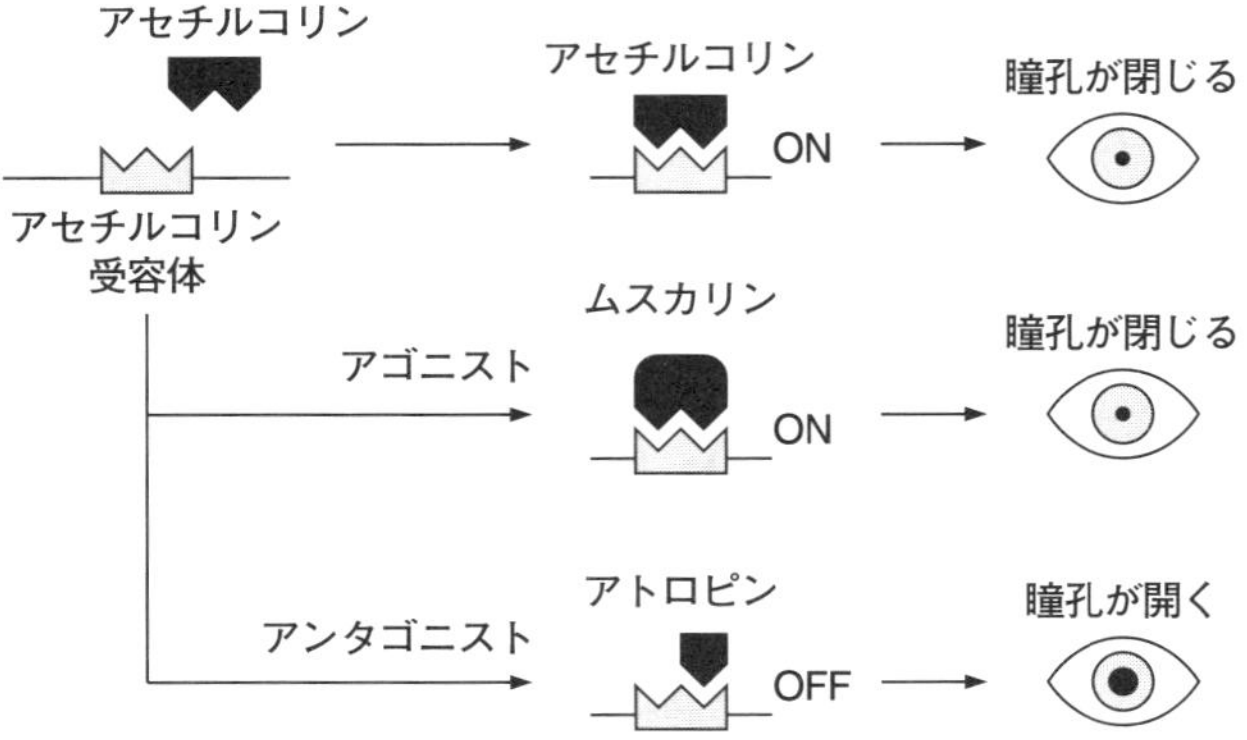

ムスカリンはアセチルコリンと同じ作用があるのでアゴニスト、アトロピンはアセチルコリンの作用を邪魔するのでアンタゴニストに分類される。

代わりをしていて、アンタゴニストはリガンドが働くべきところを邪魔しているわけです（図3）。このアゴニストとアンタゴニストは覚えておいてくださいね。

アセチルコリンが働くと筋肉が収縮します。ニコチンはアゴニストですので、ニコチンの非常に強いものを筋肉に与えると同じようにいくらか収縮します。ところがクラーレという南米の毒矢に塗ってある物質はアセチルコリンのアンタゴニストとして働きます。だからクラーレを塗った毒矢に撃たれた動物は筋肉が弛緩して、だらーっとなって死んでしまいます。呼吸もできなくなります。

要するに、実際はアセチルコリンが体の中で働いているわけですが、代わりになって同じ働きをするのがニコチン、違う働きをするのがクラーレです。

つまり薬の働きをみて薬のターゲットは何かということを調べますが、ターゲットである受容体がオンになるかオフになるかで働きが変わってくるということです。ちょっと前置きが長くなりましたが、この話が今日の気分の話に続きます。

最初に見つかった気分を変える薬

それでは気分の話をいたします。統合失調症という病気があって、これは昔、精神分裂病と呼ばれていた病気です。急に気分が変わったり、変なことを言い出したりします。この統合失調症の幻覚症状や被害妄想というのは、どうしてもよくならなかったのですが、あるときクロルプロマジンという薬を飲むと幻覚・妄想がなくなるということがわかりました。

お医者さんは最初から統合失調症のためにこの薬を飲ませたわけではなくて、風邪薬かなんかのつもりで飲ませてみたんです。すると、この患者さんの妄想がピタッとなくなりました。おや？　と思ったわけです。クロルプロマジンがなんで効くのか？　患者さんの気分を非常にうまく抑える鎮静剤（トランキライザー）として働いたのです。さらに変なことを言わなくなり、変な幻覚も出なくなった。

これは明らかに気分を変えているということで、このクロルプロマジンを放射能でラベルして動物に打ってみました。すると脳に行った。さらに脳でクロルプロマジンが何とくっつくか調べたところ、ドーパミンD2受容体というのにくっつくことがわかりました。ドーパミンD2受容体に結合して非常にうまくドーパミンの作用を抑える、ドーパミンのアンタゴニストであることがわかったのです。

つまりクロルプロマジンがドーパミンの作用を抑えることによって幻覚症状がなくなっているということがわかってきて、おお、そうか！　となったわけです。ドーパミンという物質が過剰に働いているということが幻覚症状のもとではないか、という理論が出てきたのです。

これは人間の気分の研究の中で一番最初にわかったことです。それまで私たちの気分が物質によって変わるということはあまり考えられていませんでしたが、この統合失調症の研究ではじめて物質によって気分が変わることが証明されました。そこで、アンタゴニストが働いてよくなるのだったら、ドーパミンという元々の物質が過剰になることが病気の原因ではないかと逆に類推されるようになりました。

このように、精神症状をどう抑えるかというところが人間の気分に関する研究の出発点になっています。そしてこれも薬のアゴニスト、アンタゴニストが明らかになったからこそはっきりしてきたことです。

ところで、こういう薬というのはどうやって見つけるかというと、ほぼすべての薬の発見というのは全くの偶然なのです。考えてやったのではなくて、製薬会社に元々あった薬を効くかどうかいろいろ試してみたんですね。するとピタッと効く薬が見つかって、じゃあこれはどうやって効いているんだろうということで決着がついてきたのです。

薬は偶然見つかる

今みなさんがお医者さんに行くと、「夜眠れないときにちょっと飲んでみたら」と言ってくれる薬があります。そのなかで一番有名なのがジアゼパム（ベンゾジアゼピン）という薬です。ジアゼパムは、実は全く役に立たない薬として倉庫の中から見つかったのです。

その製薬会社はまず鎮静剤を探していました。鎮静剤というのはおとなしくなる薬です。非常に興奮していたりすると夜眠れませんからそれを抑える薬がないかというので、その辺にある薬を患者さんに投与したり自分で飲んだりしていました。そのなかからジアゼパムというのが見つかりました。さらに、ジアゼパムは不安を抑えることもわかったのです。

このジアゼパムは世界中で使われていますが、それはある事件がきっかけになっています。こういう薬というのは大量に飲むと致命的になることが多いので、一錠飲むところを一〇〇錠飲んで自殺しようとする人が必ずどこかに出てきます。このジアゼパムもそういう事件があって、自殺しようとして一〇〇錠くらい飲んだ人がいました。

それで何が起こったかというと、その人はただ二日間グウグウ寝てすっきり起きてきたんです。つまり副作用が全くないということが逆にそれでわかったのです。今まで恐くて一〇〇錠なんて人体実験できませんでしたが、たまたま人体実験ができて、しかも何ともなかった。

気分を変える薬というのは結構危ない薬が多いのです。だから用法が決まっているのですが、ジアゼパムに限っては非常に優秀な鎮静剤であることがわかり、世界中に広まっていきました。だからってみなさんは「うちにあるジアゼパムは大丈夫だ」といって飲んじゃだめですよ！　お酒と一緒に飲むと副作用が出ますからね。気をつけてくださいね。絶対にアルコールと一緒に飲まないこと。不安を抑えるためにウイスキーを何杯も飲んでそれで薬を飲もうなどという人がいますけれども、だめですよ。お酒とは飲み合わせが悪いですからね。

止まらない神経伝達が不安の原因

では、ジアゼパムはなぜ不安を解消するのでしょうか。ジアゼパムを飲むと脳に行って、またあるところにくっつきます。このくっついた相手というのがＧＡＢＡ受容体というものです。ちょっと難しいですが、ＧＡＢＡ受容体というのはどういうものかというと、五種類のタンパク質からできていて細胞膜の上にあります（図5）。普段は閉じていますが、脳の中にあるＧＡＢＡという

図5　ジアゼパムの作用

GABA 受容体に GABA が結合すると塩素イオン(Cl⁻)が細胞内に流れこんでくるが、ジアゼパムはその力を促進する作用がある。

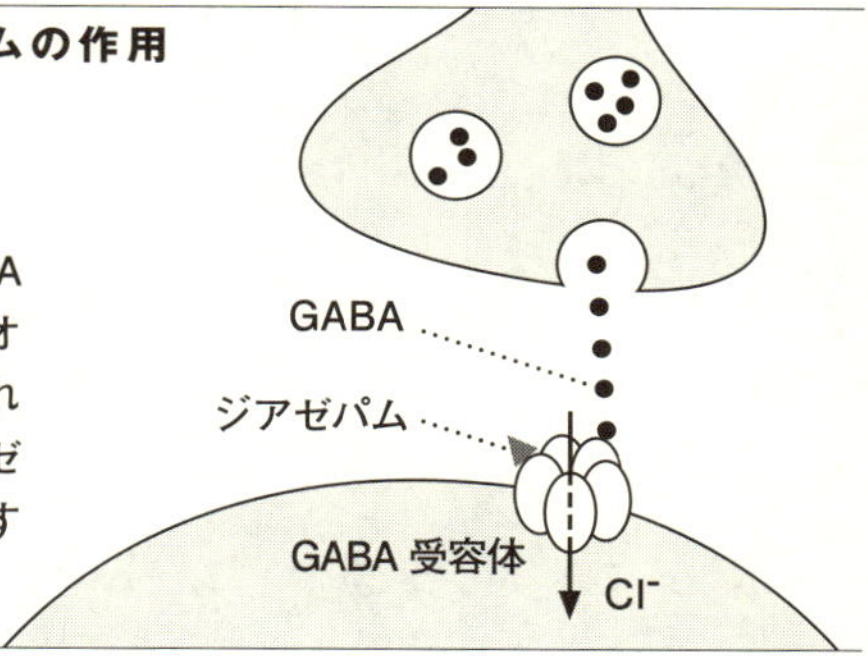

物質がくっつくとぱっと開いて細胞の中に塩素が流れ込んできます。そしてこの塩素が流れ込んでくると神経の伝達が止まります。

神経というのはいっぱい並んでいて、どこかを電気刺激すると電気がピュンピュンピュンとつながって伝わっていくのですが、いつまでもつながっているのではなくて、どこかで止まらなければいけません。止める神経を抑制性神経といい、この抑制性神経の先から分泌されるのがGABAという物質です。GABAは、GABA受容体にくっついて塩素を細胞の中に流し込み、神経伝達を止める働きがあるのです。

ではこの鎮静剤であるジアゼパムはどのように効いているかというと、GABA受容体に結合して塩素が流れ込むのを促進するんです。つまり、神経はどんどん伝達していってるときに塩素を流してその伝達を止めていますが、このジアゼパムという薬はそれを強化する働きがあるために、鎮静剤として働くのです。

とすると、私たちが不安になるということはどういうことか。それは神経伝達が止まっていない状態ということになります。何度も何度も不安な考えが出てくるということは、脳の中で神経の伝達がグルグル回っているということなのです。要するに、普通は嫌なことがあるとすぐあきらめたり、すぐ忘れてしまうはずなのに、何度も何度も思い出すというのはそれを止める働きがうまくいっていないからです。そこで鎮静剤であるジアゼパムを飲むと、それが止まって嫌なことを忘れてしまうわけなのです。

大事なのは、不安をもつということは脳の中で何かの神経伝達が止まっていない状態を表しているということです。不安のメカニズムというのはだいたいこういうところではないか、というのがジアゼパムの研究から明らかになってきました。

昔、不安を防ぐために脳の中にメスを入れたという話を第1講義でしましたが、そんなことをしなくても今はジアゼパムを使うことで不安を抑えることができるようになってきたのです。この研究のおかげで、不安に関する全体のストーリーが現在なんとなく読めてきました。やはりこれも薬があったからこそはっきりしてきたわけです。

つい二〇年くらい前まで、心の不安とは何か？　ということは、全くわかりませんでした。調べる手だてがなかったのですが、薬が効くとわかった時点でどっと研究が進んだのです。だから薬の研究というのは、私たちの脳の中で何が起こっているかということをはっきりさせる研究として、非常に大事であると考えられます。

薬が効くということは……

いくつか薬の例をご紹介しましたけれども、他にもこういうことが期待できます。例えばお子さんで問題になっている注意欠陥・多動性障害（Attention-Deficit/Hyperactivity

Disorder：ＡＤＨＤ）や、自分を傷つけるような行動をとる自己損傷行動などです。

自分を傷つけてもいいことは何もないのに、自己損傷行動をとる子どもがいます。ところが脳の中で何が起こっているのかは全くわからない。そのときに、例えばもしＳＳＲＩ（後述）という薬がそれをピタッと止めることがわかれば、脳の中でその子どもに何が起こっているかということが類推できます。だからいろいろな薬について効くかどうかを今研究し始めたところです。

実は自己損傷行動は、プロザックに代表されるＳＳＲＩという薬によって止まる、ということが最近明らかになってきました。また子どものまぶたや手の指辺りがぴくぴくと動いたりする不随意運動（チックと呼ばれています）も薬で止まるということがわかり、そのメカニズムが明らかになってきました。

ところで、なかなか治らないものって何か知っています？　一番代表的なものが、拒食症ですね。拒食症はなかなか治らない。非常に痩せていって、食べると太ってしまうと思い込む。何らかの病気であることは確かなのですが、非常に薬が効きにくいのでむしろ学習とか社会的な要因で起こっている可能性が高いと考えられています。

他には、高所恐怖症という病気も薬ではなかなか治らない。治ったら嬉しいよね。「今日東京タワーに上るぞ！」というとき、薬一個飲めば、喜んで上から見下ろせる。崖っぷちに行っても片足で立っていられますよ。だけどそんなものに効く薬なんてほとんどない。ところが逆に、不安などのように薬でピタッとよくなるものは脳の中で何が起こっているか説明できるということなのです。

強迫神経症というもの

ここで第1講義でお話しした、強迫神経症（鍵をかけないといられないとか、手を洗わないといられないという病気）について面白い例がありますのでご紹介したいと思います。一九九四年に出版された『心の病気と分子生物学』（サミュエル・H・バロンデス／著、石浦章一・丸山敬／訳、日経サイエンス社）という本に載っていたものですが、私が今からその本を読みますので、この強迫神経症の原因は何かというのをみなさん、ちょっと考えてみてください。

これは強迫神経症において一番有名な研究者であるジュディス・ラポポルトという人が、こういう患者さんがいますと語ったお話です。

「私は時速九〇キロで高速道路を運転していた。最終試験を受けに行くところだった。シートベルトを締め、道路交通法を完全に遵守していた。道路の上には人っ子一人いなかった。強迫神経症の発生の源などは全くわからない。私の現実認識は魔術のように砕かれてしまった。

現実には道路に人間は存在しなかった。しかし、誰かを、人間をひいてしまったのではないだろうかという極悪な妄想にとり憑かれてしまった。人間をひいてしまったのではないか。ほんの一瞬こう考えてからこう自問した。馬鹿馬鹿しい。誰もひいてなんかいない。

しかし、不安は増大していった。この不安を無視することができなくなり、これから逃れるには多大な苦痛を強いられた。私はこの妄想を現実的に追求しようとした。もし誰かを撥ね飛ばしたんだったら衝動を感じたはずだ。この現実的な考えで不安は少し和らいだ。

でもほんの数秒だけだった。ありえないような事故を起こしてしまったという異様な不安はどんどん膨らんでいって、それが苦痛になってしまった。しかし私はあるレベルでこんなことは馬鹿げていると理解していた。

しかし、別のことを訴える痛みが胸の底から湧き上がってきた。再度私はこの馬鹿馬鹿しい考えとおぞましい罪の意識を振り払った。心の中でこうつぶやいた。全く馬鹿げているぞ。しかし不安は続いた。不安が私に囁いた。お前は確かに人をひいたのだ。この苦痛が私を完全に支配してしまった。私の五感は麻痺してしまった。

私は反芻した。気がつかないうちに誰かをひいたとしよう。ああ神様、誰かをひいてしまったのかもしれない。戻って確認しなければいけない。再確認することが不安を鎮める方法だ。そうすれば真実に近づくことができよう。誰かを殺してしまったなどという不安にはもう堪えられない。確かめなければいけない。汗が噴き出てきた。文字通りだ。このような馬鹿げた行動をするのははじめてだ。

私の妄想はさらに激しくなった。絶望の中で陪審員が慈悲深いことを望んだ。両親はこのようなことをわかってくれるだろうか。私は犯罪者になってしまったのだ。調査することによって不安を静めなければならない。本当に事故は起こったのだろうか。自問した。急いで調べろ。調べれば苦痛から解放されるぞ。急いで戻って調べるんだ。おお神よ、調べていたのでは最終試験にもう間に合わない。いや、選択の余地はない。誰かが道路で血まみれになって死にかかっているかもしれないぞ。今や私の妄想は現実になってしまった。

発作が起こってからすでに車は一〇キロも進んでいた。車をUターンさせた。そしてそれが発生したと考えられる地点まで戻った。当たり前だがそこには何もなかった。パトカーも血まみれの死体もなかった。ほっとして再度Uターンして試験に間に合うようにした。気が楽になって二〇秒ほど運転していたところ、またもやしつこい不安が襲ってきた。

今度は以前にも増して強烈であった。停車して脇の茂みも確認すべきであった。死体がそこに放り出されて転がってしまっていたのかもしれない。もっと前で事故が起こったのかもしれないぞ。もう一キロ先でのことだったかもしれない。誰かを傷つけてしまったかもしれないという不安はさらに強くなった。もう選択の余地はなくなってしまった。絶対に確かめなければいけない。

もう一度車をUターンさせた。死体を見つけるためにさらに一キロ先まで戻った。スピードを上げた。十分に戻って確認すれば、試験を受けるために学校に戻ることはたぶんできるだろう。しかしまだ不十分だ。私の妄想は際限なく続いた。神様。車から降りて脇を確かめる必要があるぞ。

三回目のUターンをした。事故を起こしたと思われるところへ戻っていった。高速道路の土手に車を止めた。車から降りて脇の藪の中をかき回し始めた。そのときなんとパトカーがやってきた。もう何がなんだかわからなくなってしまった。

警官は、藪をかき分けている私にこう尋ねた。『どうされました？　何かお役に立てますか？』うーんジレンマだ。『お巡りさん、心配ありません。ご覧の通り私は強迫神経症なんです。四〇〇〇万人の患者がアメリカにいるとされている病気なんですよ。ただただ強迫的妄想にかられているだけなんです』なんて到底言えない。また『病気なんです。助けてください』とも言えない。この病気は不可解で他人に説明することはとても困難である。そこで私は警察官に、試験のために緊張しすぎていたので吐き気を催していたのです、と答えた。警察官は微笑んで激励してくれた。

またもや妄想が浮かんできた。実際に事故があって死体は片づけられていたのかもしれない。警察官は犯人が現場に戻るのを待っていたのかもしれないぞ。神よ、私は人をひいてしまった。事故がないのに警察官がこんなところにいるはずがないじゃないか。しかし警察官は事故について何も質問しなかった。私を捕まえるならわざわざ質問するだろうか。あまりの不安と恐怖のために道路の脇に突っ立っている理由も一瞬忘れてしまった。あわてて道路に戻った。

不安は頂点に達した。警察官は事故のことを知らないのではなかろうか。もう一度戻って調べるべきではないか。戻って調べたかった。でも不可能だ。パトカーが私の後ろについてくる。もう血だらけになった死体が藪に転がっていると心の底から信じ始めていたために私はヒステリーを起こしそうになった。

学校に着いたが、試験には遅刻した。強迫的妄想のため試験を受けるどころの騒ぎではなかった。事故の妄想はずっと続いていた。何とかしなければいけない。試験が終わるとすぐに問題の道に戻って調べを再開した。

今度は二つのことに注意を払った。まず、私が誰も殺していないし、傷つけていないことを確認すること。そして二番目に、誰にも見つからないように調査すること。藪を探っているところを二回も警察官に見つかってはこのような疑わしい行動を説明することはできないだろう。

私は完全に疲れ果てていたが、妄想に強要され続けた。私の心の片隅ではこんなことは馬鹿げていて、本当に無意味だということも感じていた。しかし強迫神経症ではこうせざるをえないのである。何度も何度も確認して私はやっとこの儀式をやめることができた。

家に戻ってきたけれども、死ぬほど疲れていた。眠って忘れてしまえば少しは楽になるだろう。やっとの思いでベッドに横たわって眠ろうとした。しかし不安はまだあった。そのとき、もし誰かをひいたのであれば、車のバンパーに傷があるはずだ。

これからやることは誰でも想像できることである。私はベッドから跳ね起きてガレージへ行った。車のバンパーを調べた。前のバンパーに異常はなかった。問題ない。ベッドに戻った。でも、十分に調べたと言えるだろうか。また私は起きあがって、今度は車全体を調べ始めた。もう馬鹿げていることはわかるがどうにもならないのである。

やっと解放され、眠りにつくことができた。眠りに落ちる前に最後に考えたことは、次は何を確認すればいいのだろうか、ということだった」

これが、強迫神経症です。強迫神経症というのはこれでどういうことかわかりましたね？　パニック障害と同じで、数十秒間にわたって今のような考えがどんどん出てくるということです。これは単なる不安とは違います。不安というのは、「友達と喧嘩をした日の夜中にむくっと起きあがって、友達のことを思ってしまって眠れない」「先生に叱られたら、もうそのことが気になって次の日は何もできない」というようなものです。こういうことはよくあります。

不安と強迫神経症の違い

　このような不安と、強迫神経症は何が違うかというと、効く薬が違うということがわかってきました。前に言ったジアゼパムは、今みたいなしつこく襲ってくる不安には効きません。では何が効くかというと、クロミプラミンという薬が非常に効くことがわかってきました。アメリカのあるテレビ番組で、「強迫神経症にクロミプラミンが効くということを聞いた」と言ったら、問い合わせの電話が二〇〇万件かかってきたといいます。恐ろしい反響です。

　今まで強迫神経症に効く薬はないと思われていたのに、このクロミプラミンが効くということが、明らかになってきました。このクロミプラミンがどこに効いているかがわかれば原因がわかるかもしれません。調べてみた結果、クロミプラミンはどこに効いていたかというと、なんとセロトニンという物質がくっつく相手）にアゴニスト（セロトニンと同じ作用）として働くことがわかってきました。

先程、不安を解消するジアゼパムはＧＡＢＡ受容体にくっついたと言いましたが、強迫行為を解消する薬は、全然違うセロトニン受容体にくっついていました。つまり不安と強迫神経症では薬のくっつく相手が違うということがわかってきました。さらに、躁病やうつ病もまた、別の受容体に働いているという証拠がどんどん出てきました。

これはすごく不思議なことなんです。人間のいろいろな気分、情動が関係しているところというのは、どうも脳の中で何らかの物質が動いているところらしい。どんな物質かというと、さっき言ったドーパミンや、セロトニン、ＧＡＢＡなどです。ＧＡＢＡはアミノ酸の一種でちょっと違いますが、その他はすべてアミノ基というのをもつ非常に単純なモノアミンという物質だということが判明してきたのです。

気分に関係する物質の共通性

これらの物質が、気分、情動に非常に関係している。薬の研究から結果的に、このことがわかってきました。その他に方法がなかったのかというと、脳をすりつぶすことができないことが一番の原因であり、しかも簡単に調べられる血液をみてもだめなのです。

第1講義でもお話ししましたが、脳の中にある物質と血液の中にある物質は違うので、血液をみただけでは脳の中で何が働いているのかがわからないのです。だから人間の脳で何が本当に働いているのかは、どうしても薬の研究からしか試すことができませんでした。

これらの研究から、モノアミンという物質がいろいろなところに効いていることが明らかになってきました。特に、ドーパミン、セロトニン、ノルアドレナリンの三つはいろいろなところで出てきます。

これらが関係する薬には、体を元気にする賦活剤と呼ばれている薬があります。この賦活剤のなかにはカフェインやモダフィニルも入ります。その他に、ADHDの治療薬であるメチルフェニデート、アンフェタミンがあって、これらの作用から気分のメカニズムがわかりました。その他に、向精神薬があって、先程お話ししたクロルプロマジンや、精神病の薬ハロペリドールも入ります。ハロペリドールは病院でよく盗まれる薬の中の一つです。お医者さんがちょっとくすねて覚醒剤として使ったという事件もありました。

これら薬の研究から、モノアミンなどの物質が脳の中でどう働いているかが明らかになってきました。また、向精神薬とちょっと違いますが、抗うつ剤もターゲットがほぼ同じだとわかってきました。

これらの薬のなかで特に問題になっているのは、先程言ったモダフィニルとメチルフェ子どもがこれを一〇年も飲み続けると副作用が出るんじゃないかと危惧されていますが、ADHDの子どもの七割がこの薬でピタッとよくなります。集中力が増して先生の話をよく聞くと言われていました。それはそれでよかったのですが、特にアメリカで、メチルフェニデートの売られている量がADHD患者が必要な量の数十倍という、変なことが起こりました。調べてみると、アメリカの大学生のほとんどが今でも飲んでいることがわかりました。さっき言ったモダフィニルと全く同じように、授業でぼーっとしたときなどに使われているのです。これも大きな問題になっています。

集中力が増す薬なんですが、効果はコーヒーと同じです。カフェインかモダフィニルかわからないように薬を混ぜて飲ませた後、計算をさせて本当に効くかどうか調べた実験があるのですが、カフェインとモダフィニルはほとんど同じ効果でした。ということは、悪いことを言うとモダフィニルを飲むのはコーヒーを飲むのと同じですよ。だからこんなものは解禁してもいいという人もいるし、そうではなくて、構造が覚醒剤なんかとよく似ていますから、ずっと飲み続けると将来副作用が出てきたら困るのではないかと言う人もいて、議論になっているところです。

メチルフェニデートはアンフェタミンに非常によく似た機能をもっている。ADHDのこういう薬もある程度飲めるような時代がきているので、ちょっと恐いですね。

これらがどこに働いているかというと、全部脳へ行ってしまう。脳のどこに働いているかを調べると、カフェイン以外は先程言ったモノアミンという物質のどれかに働いていることがわかってきました。

となると、ドーパミンとセロトニンとノルアドレナリン、この三つの作用がはっきりすれば、人間の気分、情動についてのかなりのところまでわかり、それを自由に操ることができるのではないかという希望をもっています。ふうん、とみなさんお聞きになっていると思いますが、現在では、研究の方向は意外と正しいのではないかなと考えられてきています。

では今回の最後のお話です。

落ち込んだ気分をよくする気分転換の薬として最も売られているのが最初のほうにもお話ししましたSSRIという薬で、この薬はやはりモノアミンに関係していることがわかりました。

何度も言いますが、私たちの気分が物質で変わるなんて、みんなあまり信じていませんでした。セロトニンという物質が神経の先から分泌される。そうするとセロトニン受容体がこれを受け取るのですが、その後トランスポーターというのを介して再吸収されることがわかっていました。ＳＳＲＩはこの再吸収されるところをブロックして、セロトニン再吸収を抑えるのです。

実はＳＳＲＩは Selective Serotonin Re-uptake Inhibitor の略で、選択的セロトニン再吸収阻害薬なんです。これが非常にいい気分転換の薬になる。さらに、数百万の人が飲んでいても現在のところはあまり副作用がないということが明らかになっています。つまり軽い不安というのはやっぱりこのセロトニンという物質が担っているようだ、ということが明らかになったのです（強い不安はＧＡＢＡ）。

以上の話を全部まとめると、気分はこの三種類のモノアミンによってだいたい決まっているだろう、というストーリーができたわけです。

前回の第1講義と今回の第2講義を合わせて、気分というものがどのように研究されてきたかというお話をしました。実は、私の書いた『ＩＱ遺伝子』（丸善・二〇〇二年）の気分のところをお読みいただければ、こういう事情がおわかりになるかと思います。

第3講義

記憶力を高める遺伝子

記憶という知能の一部に肉薄する研究が盛んに行われていますが、この話は歴史を追ってまとめていくのがわかりやすいと考えました。脳科学の最先端である長期増強の分子機構の説明は一年生には難しいかとも思いましたが、東大生ならこなせることを期待して話しました。

記憶と神経の形態との関係は、ようやく解明されつつある分野ですが、「勉強すれば頭がよくなる」ことについての論理的基盤をここで説明したいと思いました。

今回の第3講義では人間の記憶メカニズムについてお話しします。記憶というのは何かというのは非常に大きな問題ですね。なぜ人間は昔のことをきちっと覚えているのかはなかなか説明がつきません。

本当に不思議なことの例として、例えば「ビックリマンチョコのことを思い出してください」と言われたら、「あ、あれか！」と思い出すわけですよ。たとえこの一〇年間ビックリマンチョコのことを考えたことがなかったとしても、「あ！ あのカードだ」と、スッと思い出します。どうしてそれだけが、しかも一〇年以上しまい込まれていたものを、すぐに思い出すことができるのでしょう？

記憶というのはどんなメカニズムになっているのだろう？ 保持されているということも非常に不思議だし、一つだけスッと浮かび上がってくるのも非常に不思議なことです。これらについて、ちゃんとしたメカニズムがわかったかどうか。そういうお話を、歴史を一つずつ繙きながら勉強していくことにします。

記憶というのは少なくとも意識ですね。それを時間を超えて保持することです。時間を超えてどのように脳の中がこれを保持しているかということについて、過去にいろいろな研究が行われ、教科書にいろいろなことが載っています。ですので、やはりどうしても歴史をみていかないと記憶はなかなか解明できません。

電気刺激で呼び出された記憶

一番有名な実験は、一九四〇年にペンフィールドによって行われました。外科医であるペンフィールドは、てんかんの患者で実験を行いました。昔のてんかんの手術は、患者さんにメスを入れたり、脳の一部分を切り取ったりしていました。そのとき彼はちょっと実験をしてみたのです。まず脳を開きます。脳は触っても痛くないので、麻酔をせずに意識があるまま実験ができました。

人間の脳は図1のような形になっていて、側頭葉には山が三つあります。そして、一番上の山が上側頭回(回というのは山になっている部分という意味です)で、順に中側頭回、下側頭回と呼びます。また、人間の脳には筋があって、真ん中の筋のことを中心溝、横になっている筋のことをシルビウス溝と呼びます。後でこれらは記憶の話に関係してきます。

図1 大脳を左から見た図

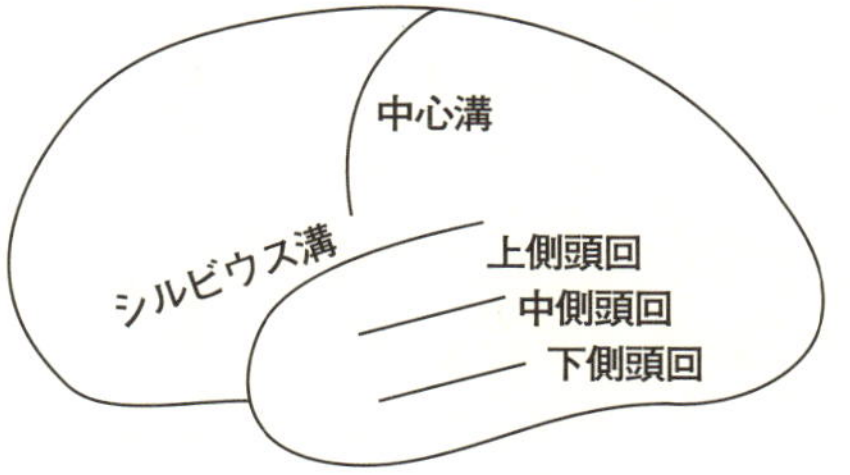

そこでペンフィールドは、開いた脳の表面に電極を当てて、いろいろな部分に電気刺激しました。すると、ある特定のところに電気刺激したときに、ある記憶様の現象（フラッシュバックと呼ばれます）が患者に現れることがわかりました。何かを「思い出しなさい」と言われなくても、電気刺激をすると昔住んでいた家のことなど、ずーっと昔のことをフッと思い出したのです。つまり、あるところを刺激すると、過去どのようなことをしたかが、ちゃんと思い浮かんできたわけです。その「あるところ」とは側頭葉のことで、そこを刺激したときだけこのような現象が起こったのです。

側頭葉というのはシルビウス溝の下のほうのことですが、側頭回辺りを刺激したときに昔の記憶が浮かび上がり、他の部分を刺激しても何も浮かび上がらなかった。このことから、どうも記憶は脳全体に蓄えられているのではなくて、脳の横の辺りにある側頭葉に蓄えられているのではなかろうか、とペンフィールドは最初に述べたのです。これが記憶の研究の始まりになります。

では実際、上側頭回は自分のどの辺りにあるかわかりますか？　脳はすべてみなさんの目より上にあります。ほっぺの辺りまで脳が入っていると思っている人はいないでしょうね？　目より上ですからね。そうすると上側頭回はこめかみの辺りということになります。左右のこめかみの辺りに先程のような反応がみられたわけです。私なんかどこを見ても全部頭のように見えますけれども、額が狭い人など頭がどこから始まっているかわからない人もいますね。

体で覚える記憶と海馬で覚える記憶

次に、どの教科書にも載っている有名な患者さんが一九五三年に現れました。ＨＭと呼ばれている側頭葉てんかんの患者さんです。このＨＭさんは側頭葉てんかんのために、実は脳の中の海馬というところを切除した患者さんです。つまりあまりにもてんかんがひどいので、脳の一部を取ってしまった患者さんなのです。

海馬ってどこにあるか知っていますか？　海馬という部分は左右両方にあって、実は脳の奥底にあります。図1は外から見たところですが、大脳皮質を剝くと中に大脳基底核というものが出てきて、そこに海馬があります。

その側頭葉の内部にある海馬を取ってしまった患者さんではどういうことが起こったかというと、以前保持していた記憶はちゃんと残っていましたが、新しくものを覚えられなくなっていたのです。

新しい記憶がいっさい獲得できない。例えば、何を食べたかということをこの人は覚えていない。二〇分か三〇分経つともう何を食べたか覚えていない。また、はじめて会った人の顔は、会話をしたとしても十数分経ってしまうと覚えていない。ちょっと外に行って帰ってくると、「あなた誰ですか?」と尋ねてしまう。このように新しい記憶がいっさい保持できないのです。ところが、昔の記憶はきちんと保たれているので、海馬という部分は新しい記憶を作るのに必要な場所であろうということがわかったわけです。すなわち、脳のある特定の部分(海馬)だけが記憶の形式に必要であることが、HMという患者さんから明らかになりました。

ところが、このHMという患者さんは新たに自転車をこぐことや、テニスを覚えたりすることはできたのです。つまり、記憶というものも二種類ある。一つは今言った体で覚える記憶(手続き記憶と言います)です。もう一つは陳述記憶と呼ばれるもので、あるものの概念などを覚える記憶です。

この陳述記憶がHMさんはできない。つまり海馬という部分は、体で覚えることに関しては無関係のところであり、何かものの名前を覚えるなど、概念を覚えるということに関しては非常に大切な部分であることがこのHMさんの研究から明らかになりました。

記憶には二種類あるというのは大変大事なところです。その二種類の記憶のうち、人の顔を覚えるとか自分の家の場所を覚えるというのは陳述記憶に相当するということもまた、このHMさんの研究で明らかになりました注。

記憶力の限界に挑戦！

みなさん、記憶力の話をふんふんと聞いていてくれたと思いますが、この講義は読者参加型ですので、せっかくですからみなさんの記憶力がどのくらいあるかをテストすることにします。鉛筆を準備して、まずは手に取らないでください。では、次の七桁の数字を一〇秒間見て覚えてください。

2071197

ところで私がこの前京都に行ったときに何をしたかっていうと……、なんてつまらない話を一〇秒間してから、はい、今の数字をノートに書けますか？

これはまだ簡単です。このテストは数字を一〇秒で覚えてから、一〇秒間、違うことを考えた後思い出せるかというものです。では、次は一〇桁に挑戦してみましょう。鉛筆は絶対に持っちゃだめですよ。今から一〇秒です。

注　HMさんは二〇〇八年に亡くなった。

4812394764

いいですか？　昨年の試験に記憶のメカニズムを出題したのですが……、一〇秒経ちましたか？　では書いてください。できましたか？　じゃあ次です。一二桁に挑戦してみましょう。書いちゃだめですよ。今度は長いから一五秒で覚えていただきます。

816079241127

記憶のどこを出したかというと、シナプスの可塑性と遺伝子の間の関係が……。まだだめですよ！　一五秒覚えたら一五秒休まなきゃだめです。

はい、できましたか？　これができると結構すごいですね。最後は普通の人間の限界一四桁に挑戦してもらいます。ここで急にできが悪くなるはずです。時間は長くして二〇秒で覚えてください。でもその後二〇秒待たなければいけませんよ。

18495185786538

二〇秒待ってくださいね。いいですか。反則してはだめですよ。はい、できましたか？　できた人はかなりすごいです！　結構真剣にやったんですね。普通はこの一四桁のところでガクッと成績が落ちてしまいます。人間の記憶力というのは一二桁くらいまではいきますが、なかなか一四桁まではいかないということがわかっています。

はい、ではここで最初の七桁の数字覚えていますか？

なぜこんなくだらないことをやっていたかというと、この問題が一番大事だったのです。短期記憶と長期記憶というのがありまして、何が違うかというと、最初七桁の数字を覚えていただいたときはだいたいの方が覚えられたと思いますが、一分か二分経ってしまったらもう忘れているわけですよ。みなさんもＨＭさんなんですね。覚えていられた人だけは違う。他の人はＨＭさんになってしまったわけです。最初覚えたことをぱっと忘れてしまう、ということが起こったのです。

記憶というのは何種類かあることがみなさんもきっとわかったと思います。まず体で覚える記憶と、同じ概念で覚える記憶でも、すぐに忘れてしまう短期記憶とずっと覚えている長期記憶です。では、それぞれのメカニズムは何なのでしょうか、ということになります。それではもうちょっと歴史について勉強していきましょう。

記憶の正体を発見

ちょっと時間は戻りますが、心理学の大家D・O・ヘッブという人がこういうことを言いました。神経細胞と神経細胞は、図2のように間を開けてシナプスというのを介してくっついているということはわかっていたのですが、ヘッブは「記憶というのはシナプスを強化するようなものであろう」と言ったのです。つまり、記憶とは二つの神経細胞がシナプスを強化するように同時に活性化することである、ということです。

この人は心理学者なんです。心理学者がこのようなことを当時はじめて言ったのですが、実は何十年か後に実際正しかったということがわかりました。つまり記憶というのは神経のレベルで説明がつく、とわかったのです。

そして一九七三年、ブリスという人が神経細胞に電極を刺し込んで実験をしていたところ、「おお、なんだこれは！　記憶じゃないか！」というような現象が見つかりました。

ブリスは、神経を皿の上において片方の神経に電極を刺し込み刺激しました。そしてそれにくっついているもう一方の神経細胞で記録をとったのです（図3）。こうすると、もし電気が伝われば記録用紙にピッと信号が出てくるはずです。それで、ブリスはこういう実験を行いました。神経細胞に一過性に、一回だけ電気刺激を与えますと、ちょっと時間をおいてピッと信号が出てきました。これで普通は止めてしまうところを、ブリスは電気刺激をピピピピピピッと非常に短い間隔で繰り返し（一秒に何百回も）与えるという高頻度刺激を行いました。すると、非常に大きな反応として記録用紙に現れるようになりました。

「あれ？」と思ったわけです。ブリスはこの二つの神経が電気刺激を覚え込んだのではな

図2　ヘッブとシナプス

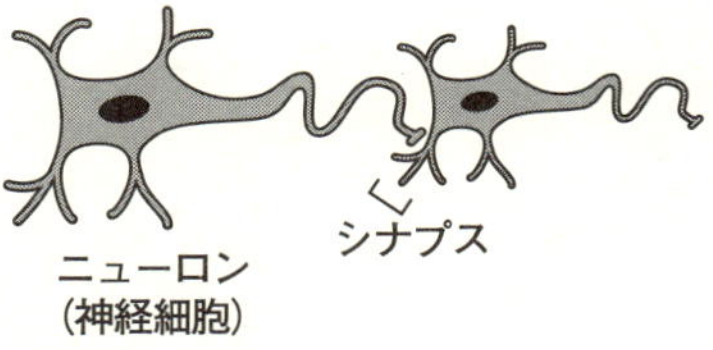

図3　ブリスと長期増強

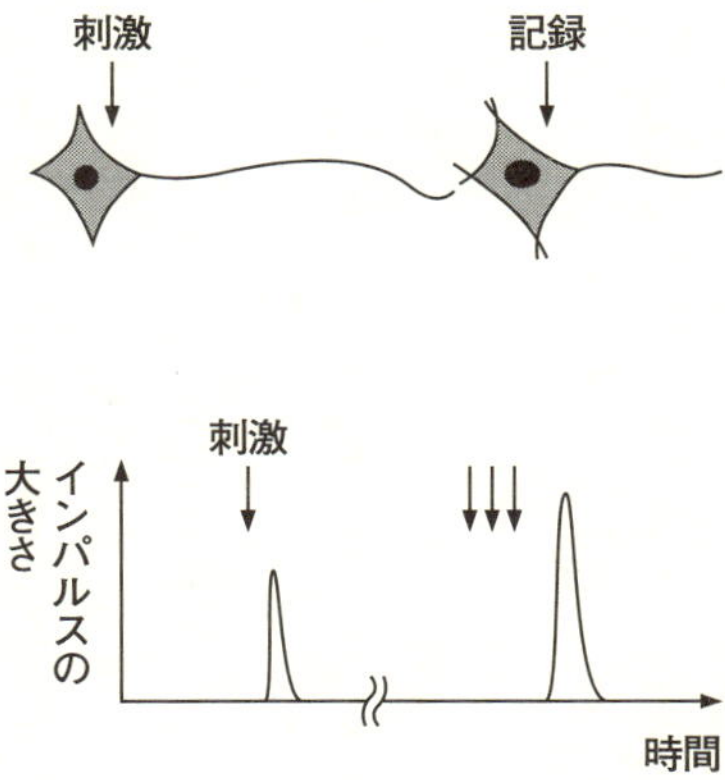

高頻度刺激をくり返すと、インパルスが大きくなり、それが数週間も続く。

かろうか、と考えました。いったんこのような大きい応答が出始めると、何度刺激しても大きくなります。つまりこれは二つの神経細胞が反応の大きさを変えたことになるのです。どういうことかというと、私たちがいろいろなことを覚え込むとそれが頭の中に刷り込まれますが、それと同じようなことが二個の神経細胞だけで起こっているということです。詳しくは後で言いますが、結果としてシナプスに何か起こったということがわかったのです。

これが記憶ではないか、と考えられるようになりました。いったん高頻度刺激によって応答が大きくなるとそれがずっと続く、こういう状況のことを長期増強（Long Term Potentiation：ＬＴＰ）とブリスは名付け、それが今でも使われています。

この研究で記憶というのが分子のレベルで説明がつきそうだということが明らかになりました。一九七三年というのはちょうど私が学生だった頃です。私も何か大発見があったらしいと、ブリスの実験のことは噂で知っていました。それから現在までずっと研究者でいるわけですが、その間ほとんどこれ以上進展はありませんでした。これが記憶らしいということがわかったのですが、それ以上どうしようもなくて、なんと二〇〇〇年までほぼこの状態が続きました。

頭は使えば使うほどよくなる

そして、二〇〇一年になってようやく進展がありました。LTPが起こったとき、神経のシナプスはどうなっているのかということを、顕微鏡で詳細に観察した人がいます。シナプスのところは、図4のように神経の末端（前シナプス）があります。また、受け手のほうには樹状突起（後シナプス）というのがあって、細胞と細胞の境目があります。この境目のところがどうなっているかを詳細に検討したところ、LTPが起こる前は図4左のようになっていたのですが、起こった後は図4右のように後シナプスのほうが膨れてくるということがわかってきた。

伸びた神経末端が樹状突起にぺたっとくっついていて、いかにも電気がよく流れそうな仕組みができていることがわかりました。これは棘みたいに見えるのでスパイン

図4　棘

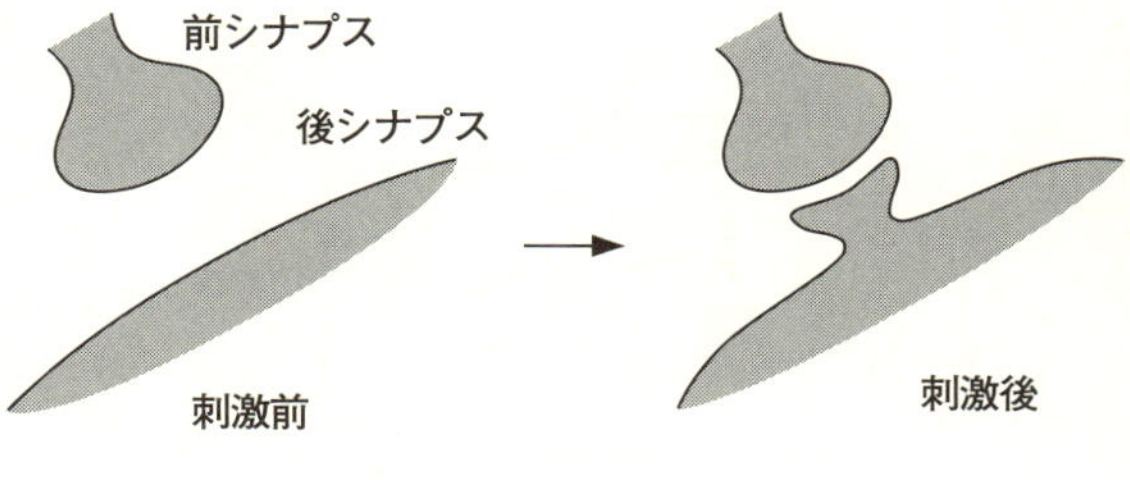

と呼ばれるようになりました。要するに、ＬＴＰが起きたときはスパインができているということがわかったのです。刺激が起こるとスパインができるということは、つまり、あることを覚え込むとその回路だけ電気が流れやすくなるということが明らかになってきました。

さらに二〇〇二年、精神遅滞（Mental Retardation：ＭＲ）の人でたまたま亡くなったお子さんと、交通事故で亡くなった同い年くらいのお子さんがいまして、そのお子さんの脳を顕微鏡で見てこのスパインがどうなっているのかを観察してみました。精神遅滞の人はもの覚えの悪いところが確かにあるので、そういう人とそうでない人でどういう違いがあるかという研究です。するとこういうことがわかりました。

図5は神経細胞を非常に大きくしたものですが、この一本の神経細胞から隣の神経細胞に手を伸ばしているような形でスパインは出ています。普通（Ｃ）の人では均等に出ていますが、これが精神遅滞の人では、スパインの出方が非常に疎らになっていて、しかも非常に不規則になっているということがわかってきました。

精神遅滞の人の脳では、スパインは非常に疎らで不規則です。そのため明らかに脳自体の形態も少し違う。つまり「ものを覚える、覚えない」「神経回路が動いている、動いていない」という差が形態として見えてくるのではないか、ということが明らかになってきました。

神経の形態からわかっていることは現在ここまでのところでして、あとは遺伝子の話になります。顕微鏡で見えることはこの辺で止めておき、実際の生体内での化学反応はどうなっているかという話に入っていきます。

記憶にかかわるアミノ酸

ここからちょっと分子レベルの難しい話に入りますよ。では記憶に関係する神経細胞はどれだろうか? それを調べるやり方というのはこういうものです。

投与するとＬＴＰが出なくなる薬を探せ

脳の中では何十万という化学反応が起こっていて、そのなかでどの反応が記憶にかかわっているかということは誰も知りません。どうやって調べたらいいかというと、

図5 棘の出方

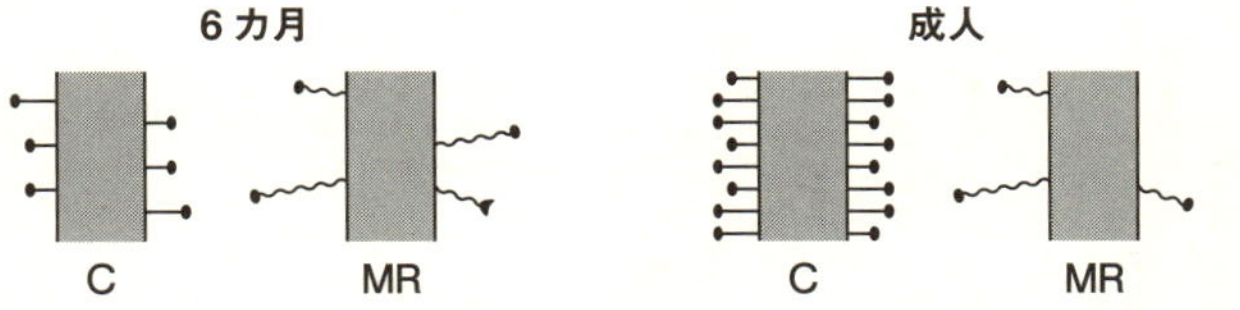

棘(スパイン)の出方は年齢によって異なる。精神遅滞(MR)の子どもは正常な子ども(C)に比べて、棘の形がおかしく(6カ月)、成人になると棘は疎らになる。

人間ではなかなかできないので動物実験で記憶ができなくなるような薬を探します。でもこれも大変なので、先程言ったＬＴＰの実験を行ってＬＴＰが出なくなるような薬を探すのが一番楽です。このようなスクリーニング（目的のものを探し出すこと）をすれば、ＬＴＰにどの分子がかかわっているかがわかってきます。つまり、薬を使ってのスクリーニングですね。

というわけで、製薬会社は自分のところにある何十万という薬のなかで、ＬＴＰが出なくなるようなものはないかと探したのです。そこで出てきたのが、ＮＭＤＡ型受容体という物質です。これに働く薬はＬＴＰを消してしまう、ということがわかりました。ところで、ＮＭＤＡ型受容体なんていう、信じられない難しい言葉が出てきましたね。これを少し説明しないといけません。聞いていてくださいね。

脳の中には、神経細胞から分泌される物質がいっぱいあります。ところが一つの神経細胞から分泌される物質は一種類のみで、ある神経細胞ではドーパミンが分泌されて、ある神経細胞ではセロトニンが分泌されます。つまり神経細胞によって分泌される物質が違うのです。

その物質のことを神経伝達物質といって、全部で数十種類あることが現在わかっています。なかには非常に大きなタンパク質もあるし、小さなペプチドというものもあります

（どちらもアミノ酸からできています）。また、カテコールアミンと呼ばれている種類の異なる化学物質もあります。要するに、いろいろなものが神経細胞から分泌されているわけです。

それらが別々の機能を及ぼしているのですが、実は、グルタミン酸（アミノ酸）も神経伝達物質として働きます。これは興奮性伝達物質といって、興奮性神経から分泌されてくる伝達物質です。このグルタミン酸が神経細胞から分泌されると、それを受け取るもの（受容体）が必ずあります。受け取るものがあるほうをシナプス後膜と言います。

ところで、ジョロウグモなんて知ってます？　大きくて恐い蜘蛛がいますよね。あれを手でつかむことができますか？　昔は何人もいたんですが。でも、手でつかんじゃだめですよ。毒もってますから。

なんでそんな話をしたかというと、実はグルタミン酸受容体には三種類あることがわかっていて、三種類ともグルタミン酸を受け取ることができるのですが、面白いことにジョロウグモの毒はそのうちの一つだけにくっつきます。それを、ＡＭＰＡ型受容体と言います。グルタミン酸の代わりにジョロウグモの毒がピシッとくっつくことができるのです。

もう一つはカイニン酸型受容体と言います。このカイニン酸型というのは、動物に投与するとてんかんを起こす猛毒物質です。この猛毒が、三つのうちこのカイニン酸型だけにピタッとくっつくので、このような名前がついています。最後の一つが、ＮＭＤＡ型受容体です。

名前は覚えなくていいのですが、要するに三つの別々の受容体があって、グルタミン酸は三つとも均等にくっつくのですが、ＮＭＤＡという物質は一つだけにしかくっつかなかったり、それぞれ別の物質が選択的にくっつくので、うまく分けるために名前がついているのです。

記憶できなくする薬

このＮＭＤＡ型受容体なんですが、面白いことにこれを抑えると、記憶できないということがわかってきました。逆に言うと、このＮＭＤＡ型グルタミン酸受容体が記憶に効いている分子ではないか、というのが利根川進さんの論文です。

ＮＭＤＡ型受容体の機能を阻害する薬を使うと、ＬＴＰが分泌されなくなることがわかりました。さらに、ネズミにあることを覚えさせてこの薬を打ったら、覚えたことをさっと忘れているのです。やっぱり記憶に関係しているのです。ついに記憶に関係する分子が見つかったわけです。

こういう状況証拠から、記憶に関係する細胞群はグルタミン酸を分泌する神経と、それを受け取るＮＭＤＡ型受容体をもっている神経である、ということが浮かび上がってきました。

これは面白い！　本当かどうか確かめたくなりますよね。そこで、ＮＭＤＡ型受容体を元々もっていないネズミを作ってやれば記憶できないはずですよね。今から一〇年くらい前に利根川さんが最初にやったのですが、そういうネズミを作ってみると、確かにあまり記憶できないネズミができました。だから脳の中で、いよいよこの物質が記憶に大きくかかわっているのではないかと、みんな考えるようになりました。しかし面白いのはこれからです。

大人のほうが劣っている記憶

驚くべき発見がありました。ＮＭＤＡ型グルタミン酸受容体は、二種類のタンパク質でできていることがわかってきました。つまり、二種類のタンパク質が四つ重なった、図6のような分子であるということがわかったのです。「1」と名前のついた分子二個と、「2」と名前のついた分子二個が一緒になって四つになり、真ん中に穴が開いている分子だということがわかってきました。

さらに、どうもこの受容体の組成が違う人や動物がいるらしい、ということがはっきりしてきました。結果として、ＮＭＤＡ型受容体は生まれてからその組成が少しずつ変わってくるということがわかりました。どうも「１」という分子はそのままなのだけれども、「２」という分子は、まず最初「２Ｂ」という分子ができて、それが「２Ａ」という分子に変わっていくらしいのです。つまり、分子のスイッチが起こることがはっきりしてきたわけです。

これは最初動物でわかったのですが、人間でみてみると胎児では「２Ｂ」型だけれども、大人になると完璧に「２Ａ」型になるので、どうもこれは生まれた後「２Ｂ」から「２Ａ」への変換が起こっているらしいとわかってきたのです。

そこで、実験として遺伝子を使うのは非常に簡単なので、「１」という遺伝子と「２Ａ」という遺伝子を一緒に人工的に作って、ちゃんと穴の開いた形のものを作ることができます。また「１」と「２Ｂ」を人工的に作って同様の形に作ることもできます。そこで、どっちが機能的に鋭かったかを調べてみたら、機能が非常にいいのは胎児型（「１」と「２Ｂ」の組合せ）のほうで、成人型（「１」と「２Ａ」の組合せ）は非常に効率が悪いことがわかってきました。

これは不思議じゃないですか？　普通は何でも大人のほうがよく働くはずなのに、どうみても記憶に関係するこの分子は大人のほうが働きが悪くて、若者のほうが働きがいいということがわかってきました。これはなぜでしょう？進化的になぜこのようになったんでしょう？なぜ神様は、歳をとるとだんだん効率が悪くなるようなものを作って、今残しているんでしょう？

歳をとると実際効率が悪くなっているのですが、それがなぜなのかがわからないわけですよ。これについて何か意見がありますか？　「『大人になったら役に立たないやつは早く死んでしまえ』というのが自然の理である」とか、「子どもを産んでからは何の意味もない動物である」という意見があるかもしれません。

確かに、子孫ができてしまえば生きている価値はあるかというと、子どもを育てる価値はあるかもしれないけれど、育ってしまってもう働くようになってしまえば、私なんかは単にお節介ものかやっかいものにしかなりません。だから、そういうやっかいものは早く死に行くためにだんだん記憶力が悪くなるようにできているのであ

図６　NMDA型受容体

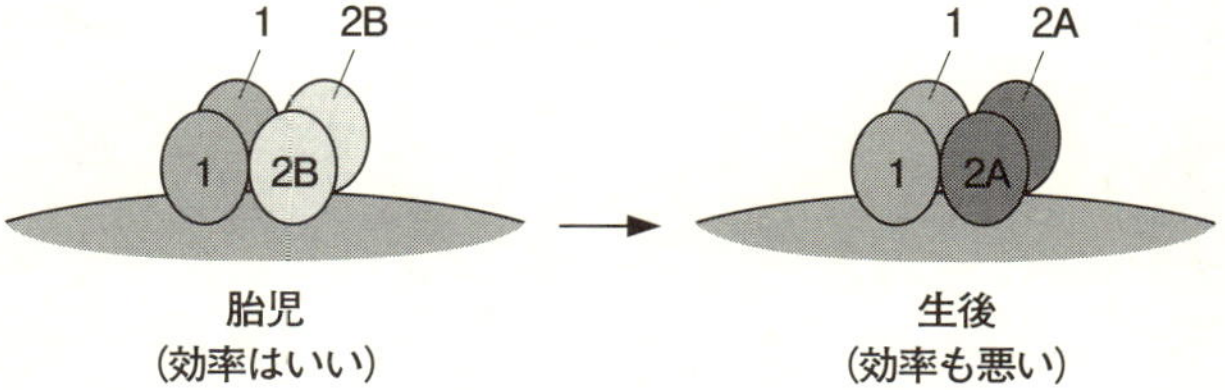

る。それはもちろん一つの答えですね。

他にはどういう答えが考えられますか？「ものを覚えるということは脳に対して非常に大きな負担がかかる」。そう考えた人いるかな？

そうだとすると、歳をとるといったん覚えたことをそのまま保持することはいいけど、新しく何かを覚えるというのは負担だからあまり覚えようとしない。今の大人も同じですね。昔のことはたくさん覚えているけれども、新しいことは何も覚えようとしない、というのがあります。このような仕組みがこのNMDA型受容体によって規定されているのではないか。NMDA型受容体がかかわるLTPというのは新規の記憶に関係することだからね。その新規の記憶を作ることが、だんだん歳をとるとだめになっていくのではなかろうか。そういうことが研究から明らかになってきました。

記憶できないネズミ

ちょっとここで、分子レベルではNMDA型受容体で実際どんなことが起こっているかを説明します。

グルタミン酸が分泌されると、シナプス後膜のAMPA型受容体にまず結合します。AMPA型受容体に結合すると、神経細胞内にナトリウムイオンが流れ込んできます。そうすると脱分極が起こるというのを知っているかな？　生物好きな人は知っていると思いますが、細胞の内外のイオンの組成が逆転して、細胞の中がプラスになるわけです。

一方、ＮＭＤＡ型受容体にはマグネシウムイオンというのがくっついていて、ガキッと二度と動かないような形になっています。ところがナトリウムイオンが流れ込んでくると、マグネシウムイオンはポッと抜けて外れるのです。

話がちょっと複雑になってきましたが、マグネシウムイオンが取れるとＮＭＤＡ型受容体の真ん中に穴が開いて、外からカルシウムイオンが神経細胞の中にドッと入ってきます。これが指令となって細胞の中の化学反応が始まり、電気が次の神経に流れていくという仕組みが、各々の神経の中であるのです。

要するに、グルタミン酸は最初からＮＭＤＡ型にくっつくわけではなく、まずＡＭＰＡ型にくっついて脱分極を起こし、マグネシウムイオンを外してからグルタミン酸がＮＭＤＡ型受容体へくっついて、カルシウムイオンがドッと入り込んできます。それが刺激となって電気が流れていく、という仕組みが脳の中に存在しているというわけです。これはちょっと難しい話ですけれど、こういうことに興味のある人は覚えておくといいですね。

そこで、利根川さんとチェンさんという中国系の人が二人でＮＭＤＡ型受容体をノックアウトしたマウスを作りました。さっき言った「1」をノックアウトしたものです。NMDA型受容体には「2B」や「2A」はどちらか一方しか含まれていませんが、「1」は胎児型と成人型の両方に含まれていますので、「1」を潰してしまうとNMDA型受容体は胎児から大人になるまでずーっとできないのです。つまり「1」をノックアウトすると、NMDA型受容体がないマウスができるはずです。

そこで、このマウスを使っていろいろな記憶実験を行ったところ、もちろん予想どおりLTPは出ないし記憶力が非常に悪いマウスが生まれました。確かにNMDA型受容体というのは新しい記憶を作成するのに非常に重要な分子であるということが、利根川さんとチェンさんの実験によって明らかになりました。

賢いネズミ

一九九九年、チェンさんは新しい研究室で別のことをやり始めました。この次にやることって、みなさんだいたい想像がつくでしょ。

通常大人になったら「2B」はなくて「2A」しかありません。「2B」を含んでいるほうが効率がいいので、大人になっても「2B」をたくさん作らせたらどんなネズミができるか、という実験を始めたのです。すると、驚くほど賢いネズミができたのです。

これが有名なスマートマウスと呼ばれているもので、記憶実験をやると、他のネズミより二倍もの覚えがいいマウスができました。人間だってひょっとしたら遺伝子を改変すると頭がよくなる可能性が出てきたわけです。

チェンさんはアメリカで自分の会社を作って、このスマートマウスを材料にして何か新しい薬を作ろうと今でも考えているそうです。

ネズミの記憶力を測る方法

このスマートマウスの記憶力がどれくらいいいか、記憶の実験についてお話しします。記憶の実験には次のようなものがあります（図7）。

直径一メートルの水槽を用意して、水槽に牛乳を垂らしたような乳白色の水を入れておきます。そしてその水槽の中のどこかに上からは見えないようにソーッと台を置いておき、そこにネズミをポチョンと放り込みます。

図7　モリスの水迷路実験

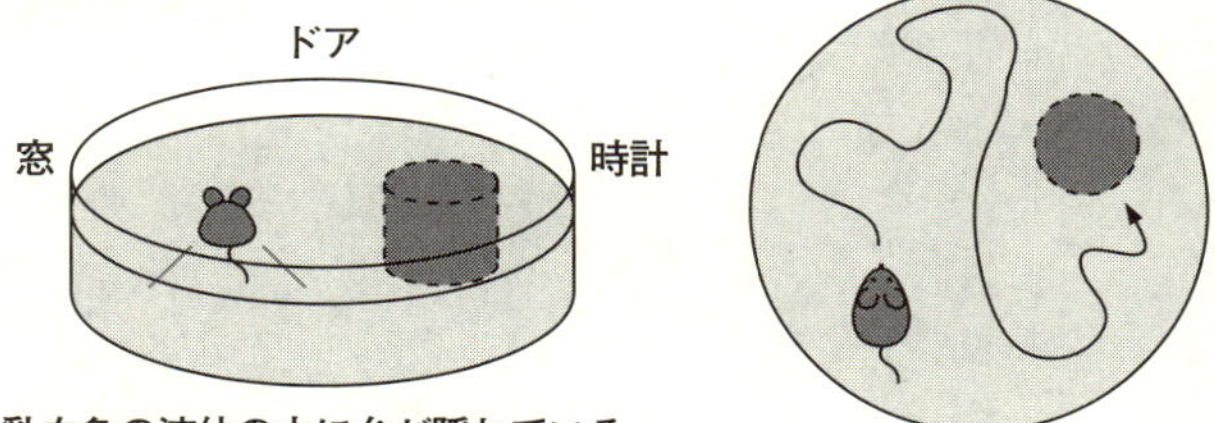

乳白色の液体の中に台が隠れている。
マウスは泳ぎながら周囲の配置を確認し、台の位置を覚える。

そうするとネズミは乳白色で何も見えないし壁は結構高いため這い上がることもできないので、必死になって泳ぎます。泳いでいるとあるときハッと足に何かあたります。このように台を見つけ出せば休むことができます。だけどその場所は最初わかりません。だからネズミは必死になって泳ぎますが、いつかはこの場所を覚えるわけです。

どうやって覚えるかというと、この水槽がある部屋は黒のカーテンで仕切られているのですが、四方には目印があって、その配置から場所を覚えるわけです。例えば図7のように時計、窓、ドアがあって、こっちに何があるというようにネズミは四方を見ればわかるのです。

覚えたネズミはどこにポトンと落としてもすぐにそこへ行くので、その場所を覚え込んだとわかります。これを、モリスの水迷路と言います。この迷路は現在ネズミの記憶力を測定する実験では一番信頼性がある結果が得られると言われています。

この水迷路の実験は、真上から写真撮影するのですが、最初は迷いながら泳ぎますが(図7)、慣れてくればまっすぐ台のところへ行きます。台へ到達するまでの時間を測定するのですが、何度も何度も実験を繰り返していると、その時間が短くなっていきます。いったん覚えたネズミはもう絶対にそれを忘れません。

この水迷路の実験には、もう一つこんなバリエーションがあります。ある場所に台を置いておくと、ネズミは台の場所を覚えます。そこで残酷な研究者は台を取ってしまいます。そうしておいて次の日にまたネズミをポチャンと放り込むと、ネズミは必死になって台のあった辺りを動き回ります。ところが、あるはずの台がないという感じでウロウロして、それを二分くらいほっておいて、沈むと助けてやります。それを上から撮影して、台のあった四半分の区間にいた時間を測定します。

こっちのほうが正確に記憶力を測ることができるという人がいますが、ちょっとかわいそうだとか、残酷だと思いますね。同じ水迷路の実験でも、調べ方が二通りあることを知っておいてください。

みなさん、これいい実験だと思うでしょ。ところが、お腹が減っているときとすっごくお腹がふくれているときとではネズミの行動が違うのです。お腹が減っているときのほうが必死になって台を探すんですね。ところが、お腹がふくれているときはとろとろ浮いているだけです。つまり、ネズミにやる気がないわけですよ。だから、本当にこの方法が正しい記憶の測定法かどうか、疑問をもっている人もいます。

記憶は環境によって何とでもなる

話は戻りますが、このモリス水迷路の実験をやると、この「2B」を多く入れたネズミは圧倒的に上手でした。それでこのスマートマウスというのは本当に話題になりました。これは本当かな、と言う人もいましたが、今度は二〇〇一年に利根川グループがこんな実験を行いました。

「1」をノックアウトした記憶力が悪いネズミのうち、一匹は小さなケージにずっと入れておき、もう一匹は非常に大きな遊び場があるところに入れておきます。同じときに生まれた兄弟をこのように別のところに放り込んで、一方はクルクル回る車とかネズミのおもちゃがいっぱい置いてあり、もう片方は何にもない狭いカゴに入れます。このネズミを二カ月間そこに住まわせた後、水迷路の実験をしました。

すると、いろいろ遊べていろいろな刺激があるところで育ったネズミというのは圧倒的にできがよくて、一匹でぽつんと小さなケージで育ったネズミは、同じときに生まれて同じ遺伝子組成であるにもかかわらず、モリス水迷路の成績が非常に悪いということがわかりました。

そこで、利根川グループは何を言ったかというと、「人間は環境によって何とでもなる」。こう言ったのですね。

これはわれわれにとって非常に嬉しい話なのですが、やはりこういう実験というのは限界みたいなものがあるわけですよ。同じ遺伝子で同じときに生まれたネズミを使っても、やはり育て方によってバリエーションがあるし、お腹が減ったかそうでないかということによってもバリエーションがいろいろ変わってきます。

だから本当に記憶というのはどういう実験を使って証明したらいいか、まだはっきりとした手だてはありません。せいぜい記憶といっても、この実験でわかるのは場所の記憶でしかありません。もうちょっと高次の、人間だけがもっているような記憶というのはどういうメカニズムで起こるのか、ということに関してはまだはっきりしていないというのが現状です。

記憶を消す方法

みなさん最後に大事なことを覚えておいてください。

今世界中の製薬会社は記憶力を高める薬を探していますが、記憶力をだめにする薬も非常に役に立つ場合があります。

どういう場合ですか？　記憶力はよくなったほうがいいに決まっていますよね。ところが、あることに関しては記憶がなくなったほうがその人にとっては嬉しいのです。

「私かしら？」なんて思ってる人いませんか？「どうしてこんなに賢いんだろう。ちょっと人並みになりたいな」なんて思ってる人は……。そうではなくて今一番問題になっているのは嫌な記憶を消す薬です。ＰＴＳＤ（心的外傷後ストレス障害）など、何か自分に嫌なことが起こったとき何度も何度もそれを思い出す人がいるのですが、それだけを特別に消す薬はあるでしょうか。

そこで、ネズミを使ってこのような実験をしました。何かマークを見せておいてから電気ショックを与えると、ピュッと逃げるわけです。そうするとマークを見せるだけで逃げるようになります。このようにネズミに嫌なことを記憶させておいて、その後何か特殊な薬を与えるとそのことだけを忘れてしまうような何かいい薬はないだろうか。今そういう薬がいろいろなところで盛んに探されています。

実は、まだどの薬がいいかというのは見つかっていないのですが、普通の記憶を高める薬とは明らかに違う型の薬が効いているということはわかっています。だから先程言った、新しい記憶を覚えるのとは違うメカニズムが働いているに違いない、ということになっています。この記憶を消す薬というのも問題になっているということを、ちょっと頭に入れておいてください。

はい、今回は記憶についての最新の情報をお話しいたしました。

第4講義

知能を高める遺伝子

知能とは何か、ということを文系の学生にわかるように講義しました。

知能にはいろいろな種類があるということと、知能を測定するのは難しい、ということを伝えるのが主で、「自分は知能が高い」と思い込んでいる学生たちを笑い飛ばすのが目的の一つです。遺伝性精神遅滞の研究から、たった一つの遺伝子が知能に影響を与えることを示したいと思いました。

今回の第4講義では知能のお話をします。知能の研究は最初大きな流れが二つあって、一つは知能テストの流れで、もう一つは今からお話しするものです。それは今アメリカの教育学会で非常に力をもっているガードナーの多重知能の考え方です。

知能は独立したいくつかのものに分けられる

ガードナーの言う知能とは、いくつかに分けられるもの、ということなのです。つまり、ある知能というのは特別な能力がいくつも合わさって足し算したものではなく、独立したいくつかのベクトルからなる、ということです（図1）。例えば言葉を話す能力というのは、数学的な能力と、運動能力を足したものではなく、それらとは独立した能力であるというわけです。そこでこのガードナーはどんな知能があるかと数え始めました。

まず、言語の知能があるだろう。その次に、論理の知能があります。この論理知能があるかどうかというのは、すぐにわかります。例えばこういう問題はわかりますか？

ある年のビールの消費量が一・五倍に増えた。また、その年の心筋梗塞の人数もドンと一・五倍に増えたということがわかりました。
このことから、ビールを飲むと心筋梗塞になると言えるだろうか？

これは論理知能をみなさんに聞いているわけです。答えは両方とも一・五倍に増えたので関係があると考えてしまいがちですが、結果はその年は人口が一・五倍に増えただけだったのです。つまり、人口が増えると、ビールの消費量も一・五倍になるし、死ぬ人の割合だって一・五倍になるということです。

このような問題で、論理的であるかどうかを考えられるという論理知能が測れます。とにかくこの論理能力というのは英語を話す能力とは違うだろうとガードナーは言いました。

図1　ガードナーの多重知能

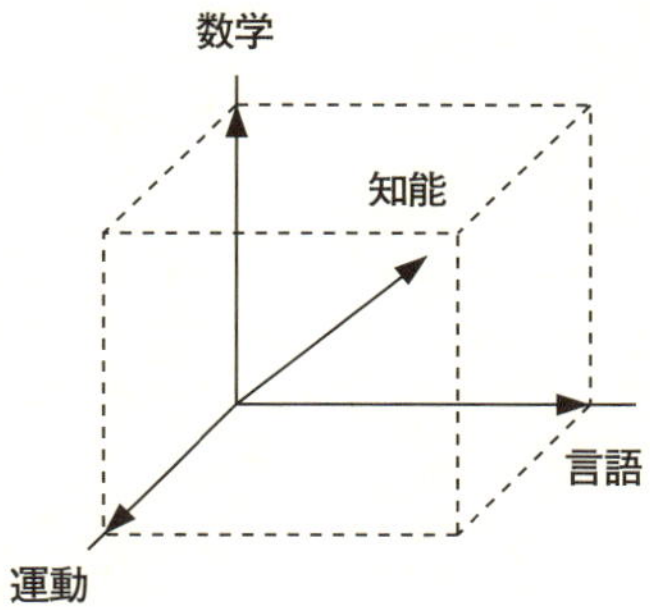

ガードナーは、知能は独立したいくつかのベクトルの和と考えている。ここでは、数学能力、言語能力、運動能力の3つの軸で表してあるが、実は8つも9つも軸があるとガードナーは考える。

確かにこれは正しいかもしれません。

次に第三の知能でガードナーは空間認知能力を挙げました。「地図が読めない女」などという例がありますが、この空間認知能力というのは現在では、将棋とかチェスをする能力とも結構一致していて、あと非常に面白いことに、絵画の能力も空間能力として今知られています。確かに将棋やチェスをやる人や絵を描く人は男が非常に多いですね。

その他に、音を感知する能力と、体を動かす運動能力もガードナーは挙げています。結果としてガードナーは知能を五つに分けられると言ったのです。

でもよく考えるとこれ以外にもあるということで、ガードナーはその次に何を言ったかというと、人格というわけのわからないことを言い出しました。この人格はどう測定するのかという問題がありますが、確かに人格は悪い人といい人が必ずいます。それは、他の能力とは全然無関係ですよね。ノーベル賞を受賞したって、人格が悪いやつはいっぱいいるわけです。

また、ガードナーは哲学的能力というのも挙げました。そして最後に自然認識能力と名前をつけたものを加えたのです。これは自然に対するナチュラリストの感覚をもっている人ともっていない人がいるということだそうです。

賛否両論あるけれど科学的根拠もある

これが正しいかどうかということが非常に大きな問題になっています。でも、ガードナー説を非常に強く肯定する論拠と、非常に強く否定する論拠があるのです。

否定する論拠の一番は、これらのものは数字では表せないということです。数字で表せないのに、どうやってその人に知能があるか証明できるのかというのです。次にガードナー説を肯定する論拠は何かというと、こういう能力に優れた人と、優れていない人が現実にはいるということです。

もう一つ、このガードナー説は脳科学で非常に強く肯定されています。それは、これらの能力に対する脳の対応部位がどうやらあるらしいからです。つまり、脳の言語野と呼ばれている部分と運動野と呼ばれている部分は違うところにあるのです。

ですが、このなかで確実に脳の部位がわかっているのは言語野と運動野のところだけです。また、最近音楽を規定する部位もようやく少しわかってきて、それも話す部分とは違う場所にあります。ところが残念ながら論理能力というのは脳のいろいろなところが働いていて、例えば将棋の名人がさしているとき、この能力と空間能力はちょっとオーバーラップする場所があります。とはいえ、少なくともそれぞれの知能が脳の機能部位と対応するということが、この説の正しさを示しているのではないか、ということです。

逆に、脳には誰を調べても働いていない部分というのがあって、その部分は実際何をしているかわかりません。そういうところに、人間のまだ特殊な能力が隠されているかもしれません。第六感みたいなものがね。

有名な話で、第六感でなんかピンとくることがある人というのは霊媒師になったりいたこになったりしますが、そういう人には女性が多いのですよ。女の人でも太った人が多い。それを調べてみると女性ホルモンのエストロゲンの濃度が高い人なのです。だから女性らしいまん丸い体形をした人には第六感が働く人が多いなんて言われています。

そこで問題は、この知能を本当に証明できるかということです。脳の特定の遺伝子が言語を規定してるのかということに興味があるのです。私の研究室ではこの言語野を作るような遺伝子があるかどうかを研究しています。もしその遺伝子が見つかれば、それをネズミに導入するとネズミが言葉を話すようになるかもしれない、ということをワイワイ言いながら実験をしています。ネズミは無理かもしれないですが、サルに遺伝子を導入するとどうなるか非常に興味がありますね。そういうことがこれからはできそうなのです。

ここまでがガードナーの多重知能説で、多重知能というのはどういうことかというのがだいたいおわかりになったかと思います。

知能を数値化できるＩＱ説

二番目はＩＱ説です。知能テストで測定できるものです。このＩＱ説というのは非常にクリアな説です。私たちの知能には、例えば言語知能があり、数学的知能があります。そして他のいろいろな知能がありますが、その知能の重なった部分を一般知能（general intelligence）と名付けました。これをg因子説と言います。

g因子というのは、一般の知能であり、しかも数字で表せないといけない。だから知能テストというのが考案されたわけです。数学や言語、いろいろなものを数字で表してやって、それが合わさったものが実は知能である、というのをスピアマンという人が一番最初に言いました。それを導入したスタンフォード大学とビネーという人が作った知能テストが一番有名で、「スタンフォード・ビネーのＩＱテスト」というのが今でも行われています。

みなさんは知能テストをやったことがあるかな？　見本と同じ図形を短い時間で見つけるとか、そういうテストなのですが、スタンフォード・ビネーのＩＱテストでわかったものが知能であると、もう二〇世紀の最初からこんなことが言われています。

このg因子というのは数学的知能とか、言語的知能の合わさった、すべての知能の一番上にあるものです。ところがビネーは面白いことを言っていて、言語知能よりも低級な知能があるというのです。この低級な知能というのは、単に知識や経験によって得られたような「知識や経験に依存する技術」です（図2）。

知識や経験に依存する技術とは何かというと法学部とか医学部の授業で行っていることで、そうすると数学や言語を学んでいる理学部、文学部のほうが知能が高いというのがこの考えなんですね。今は法学部とか医学部の人が威張っていますが、そういう威張っている人が本物の知能が高い人ではなくて、わけのわからんことを研究している理学部や文学部などの人のほうが知能は高いと、今から一〇〇年くらい前に唱えられたのです。

ここで面白いのが、ＩＱ説を肯定する論拠と否定する論拠があって、肯定する論拠の一番は数字で表せるということです。とにかく数字で出てくるというのは非常にいいのですが、否定するほうというのは、じゃあg因子の実体は何だ？　ということです。知能と言っているけれど、じゃあ知能って何ですか？　と言われたときにこれに答えられないというのが、g因子説の一番の欠点です。

無から有を生み出す

この二つの知能の考え方というのは相容れない考え方でして、理系の人はＩＱ説の考え方が好きで、文系の人は多重知能説の考え方が好きという傾向があります。ところで、ビネーの発達障害児の診断に用いたテストがスタンフォード大学で改良されたＩＱテストでは、ｇ因子はいろいろな知能が重なっているものということだったのですが、現在一般的には言語（言葉）と論理（数学）ともう一つの三つで十分だと言われています。

もう一つとは何だと思います？　実はこれ、熱中する能力であるとスタンバーグは言っているんですね。つまり、何かわからないことがあるとそれに一生懸命になる、ということも知能が高い証拠であると言っているのです。しかしそれはなかなか数字には表せない。知らない問題を聞いたときに、知能が低い人というのは「へえー」と言って何も考えない。そうではなくて、「私はこれを解きたい」と思うこと。それが人間が進歩してきた理由ではないか、ということですね。

今までみてきてわかるように、昔は知能というのはただ計算能力だけだったのが、今はクリエイティビティー

図2　IQ説（知能ピラミッド）

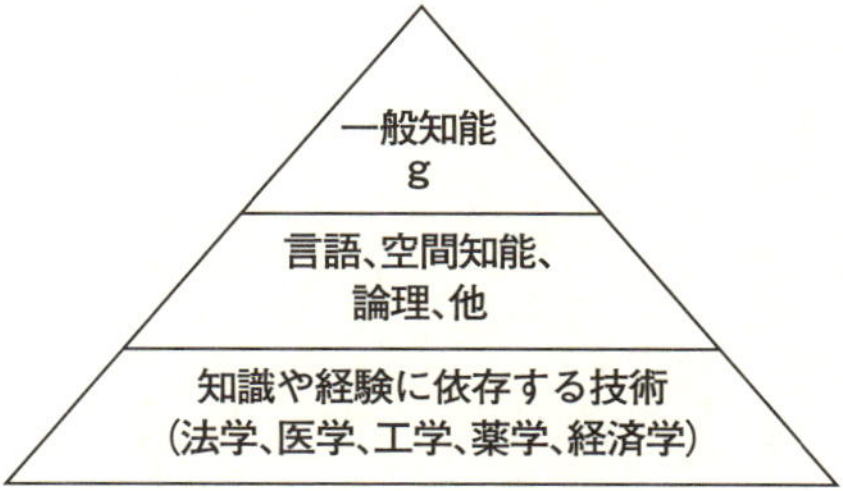

ですね。知らないものから新しいものを作り出すということが付け加わって、現在の知能の考え方になっています。

分子レベルで研究するための壁

さあこれを、分子レベルでどう証明したらいいでしょうか。そこで、ファンクショナルMRIという機械（脳の中で働いているところが光って見える）を使って、例えば数学能力を解明しようと思った人が何人もいます。

例えば52×58＝3016という計算をするとき、脳の中は8×2＝16の結果を覚えて、6をまず書いて1を覚えておき、次に8×5＝40をやってからその1を足して、41で……というように、いろいろなことを同時にやっています。ですから、そのときに脳のこが光っている（働いている）と言ったって、かけ算を見ているわけではなく、何を見ているかはっきりしません。だから脳のかけ算の部位を明らかにすることは非常に難しいことになります。数学能力が脳のどこにあるかということを調べるというのは現在のところ、不可能なのです。こんな単純な、人間が脳のどこでかけ算をやっているかということを調べることすらできないのです。

それともう一つ、遺伝子からアプローチしようとする場合はどうするか。それは、かけ算だけができない人を見つけなくてはいけないのです。その人のどの遺伝子が欠けているか、というところからしかやりようがないのです。しかし、足し算と引き算とわり算はできるけど、かけ算だけができない人なんていません。つまりかけ算ができるというのは、脳の中で独立したものとして表せないものなのです。このように知能と遺伝の話は、とっかかりがないというのがまず一番の問題だったのです。

ＩＱは遺伝する

とにかく遺伝の研究というのは、家族性に遺伝するかどうかで遺伝子が関係しているかどうかわかるのです。だから、ＩＱテストに関係する遺伝子研究ということがまず始められました。この代表がミネソタ双生児研究です。

これはミネソタ大学が行った双子を使った研究ですが、ある能力が遺伝しているかどうかということを調べるとき双子を使うと都合がいいのです。また、知能テストというのは理論的には一〇歳で測っても、二〇歳で測っても同じ点数になるように作られています。

そこで、同じ人が違う時期にＩＱテストをやってみたところ、八七％の相関があることがわかりました。これで知能テストの信頼性がわかりました。次に行ったのは、一卵性双生児と二卵性双生児のテストです。まず一卵性双生児での一致率が八七％で、同一人物の場合とほぼ同じでした。さらにその後、養子にもらわれていったために、別々の家で一〇年間育ってからＩＱテストをしたところ、相関が七六％と出ました。ちょっと減っていますが、相関があります。

一方、二卵性双生児はどうか。一卵性双生児が一〇〇％一緒になっているのに対して、二卵性双生児というのは遺伝子が半分しか一緒になっていません。やってみると相関が四七％に落ちていることがわかりました。

このことから、ミネソタ大学の研究では、遺伝子の一致率とＩＱの相関率は比例しているので、遺伝要因があるのではないかということになりました。やっぱりＩＱって何かが遺伝しているらしい、という結論が得られたのです。

こういう研究があると、われわれ研究者もやる気になります。遺伝子があることが確かなら、天才の家系を調べるか、逆に精神遅滞の家系を調べるかで、知能の遺伝子がわかるのではないか、ということになったのです。

人類は賢くなっている

ちょっと参考になる面白い研究が、ニュージーランドのある政治学者によって行われました。同じＩＱテストを一九五〇年、一九六〇年、一九七〇年にやってみると、一〇年に三ポイントずつ上がっていることがわかりました。一〇年たつと平均点がだんだんよくなっているのです。ということは、人類が賢くなっているわけです。

ということは昔のデータとは比較にならないですね。世界のどの地方でも高くなっています。この一番の原因は何だと思います？　文化が非常に発達したとかではありません。

あるアメリカの人がグアテマラの村の子どもに行った実験があります。それは、その村の子どもにサプリメントをずっと与えたというものです。そうすると体力が上がってきました。その体力が上がってきた子どもとそうじゃない子どもを比べると、明らかにＩＱが違うのです。

一つの理由は、現在では食糧事情がよくなったことが考えられます。また身長も伸びています。このことからおそらく、脳の容積も少しずつ増えてきたのではないかと考えられます。

もう一つ大きな原因と考えられているものがあります。一九五〇年、私が生まれた頃ですが、その頃と現在と何が違うかというと、もちろん食べ物も違いますが、テレビの影響が非常に大きいと考えられています。要するに脳への視覚刺激が非常に多い。テレビを見る時間が三時間、四時間と増えてきたので、いろいろな知識が入ってきます。小さいときから入ってくるというのが、ＩＱが高くなった理由ではないかと今考えられているのです。

ＩＱが高い人には痛風が多い？

これは結構社会的には面白い問題なんですが、私の興味はそうではなくて遺伝子のことです。そこで、今日は頭のいい人と精神遅滞の人の結果を、両方ご紹介します。

ＩＱに遺伝性があることがわかってきたので、詳しく調べられるようになりました。ＩＱが高いグループで一番有名なのがメンサと呼ばれているもので、ＩＱが上位二％という高い人が集まってクイズをやったりするグループです。これは非常に大きなイギリスのグループなのですが、この人たちは集まって記憶術の大会を開いたりしています。そこで、この人たちを調べてみました。

すると、これはみんなびっくりすると思いますが、ＩＱが高い人はある特徴があったんですよ。実は、小さいときに自閉症にかかっている子どもが多かったのです。また、近視の人も非常に多かった。これは勉強したから近視になったのかもしれませんね。数字で言うと小児自閉症の人の割合が普通の人の三～六倍で、近視の割合は普通の人の二倍くらいだった。もう一つ面白いものがあって、痛風という病気の人が多く、これも二～三倍でした。

このなかで解明できそうなのは痛風です。痛風という病気は体の中に尿酸というものが溜まります。この尿酸が溜まると関節が動かなくなって足指が腫れたりする非常につらい病気です。血液検査で見ればわかりますが、尿酸値が七よりも高いと、これは危なくて痛風危険値です。若い人でも結構多くいます。

そこで、この尿酸というものがひょっとして人間の知能に関係しているのではないかという話になってきました。これは研究の歴史が非常に古くて、尿酸値が高い痛風の人というのは賢い人に多くみられます。ニュートンやアレキサンダー大王など、偉人と呼ばれている人は伝記を読むと結構痛風になっていると書いてあります。

ちょうど二〇世紀のはじめ頃、尿酸値が高い人は大学の先生や会社の社長に多いことがわかってきました。なので、逆に偉くなるには痛風じゃないといけないのではないか、とまでその頃、結構真剣に考えられていました。とにかく、ヒトの能力と尿酸の値は非常に一致するということになったわけです。

そこで、この尿酸はどうやって合成されるかお話しします。私たちのＤＮＡ（デオキシリボ核酸）にはアデニンとグアニンという物質（プリン体と言います）があります。それぞれ分解されると、ヒポキサンチン、キサンチンという物質になります。そしてキサンチンオキシダーゼという酵素が反応を触媒し、尿酸ができます（図3）。

つまり、この尿酸という物質は核酸が分解してできるので、痛風の人はビールを飲んだりモツ煮を食べたりしてはいけないと言われます。ビールやモツ煮の中には核酸関連物質が多くて必然的に尿酸が多くなるので、尿酸が関節で結晶を作り非常に痛くなるわけです。

ネズミなどでは尿酸からアラントインという物質になって、さらにいろいろなものに代謝されていきます。面白いことに、サルからヒトへの進化の過程で尿酸からアラントインを作る尿酸オキシダーゼという酵素の遺伝子の中に変異が起こったため、ヒトではこの活性がないのです。だから、サルからヒトに分化するときに頭がよくなったと考えれば、痛風の人が頭がいいというのは理論的に説明がつくようになってきました。

いいですか、ヒトでは尿酸が分解されないので非常に多い。そのヒトの中でも尿酸値が特別に高いと一般的にＩＱが高いのです。そうすると、この尿酸というのを調べれば、頭のよさ、すなわち脳の発達に関係するものがわかってくるのではないかということになってきました。

植物では、キサンチンにメチル基というものが三つ付いたトリメチルキサンチンという物質に代謝されますが、これが有名なカフェインです。コーヒーの中に入っているカフェインという物質の正式名称はトリメチルキサンチンです。つまりコーヒーを飲むと頭がよくなるというのは、カフェインの構造がアデニンやグアニンに非常によく似ているからです。

実はカフェインはアデノシンに構造が非常に似ているため脳の中のアデノシン受容体に結合して神経を集中させる働きがあります。でもこれは植物だけにある反応で、ヒトの脳の中ではカフェインはできません。ヒトの場合は、先程言ったように尿酸オキシダーゼが働かないため尿酸が溜まり、この尿酸が頭をよくするのではないかという話になってきています。

一九五〇年代にこの説を一番はじめに唱えたのは、マサチューセッツ工科大学の工学者オローワンです。尿酸オキシダーゼのことがわかった途端にこのような賢い理論を唱えたわけです。

これはある物質がＩＱに関係することをはじめて唱えた説で、世界中からいろいろな興味とともに、正しいのではないかと言われ始めた。一九六〇年代になると、リーダーシップ、カリスマ性があると呼ばれている人と尿酸値がかなり比例する、というデータがいろいろな研究

図3 尿酸生成の反応

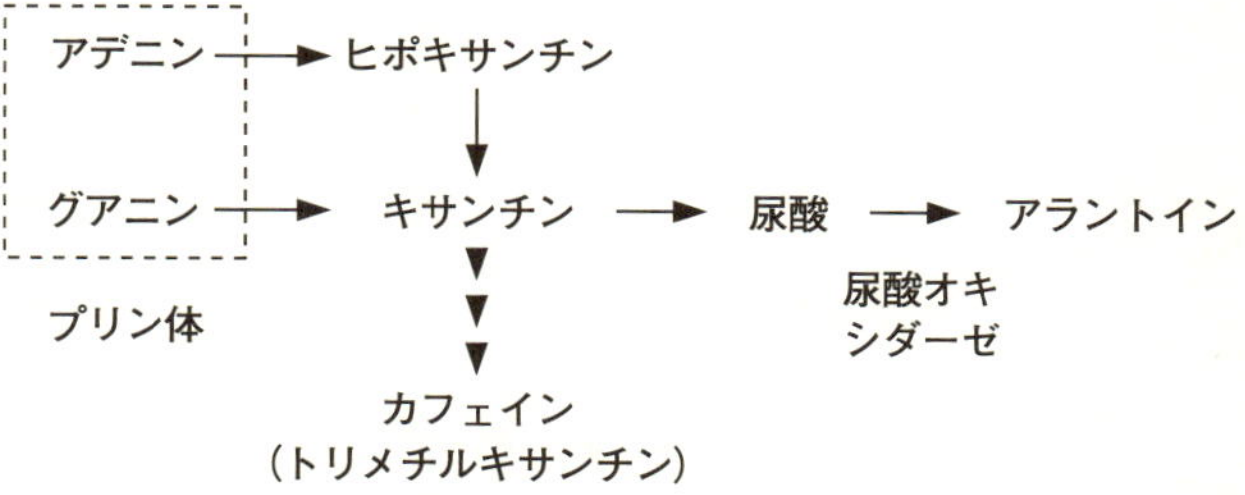

から示されました。そして今から三〇年以上前に知能は尿酸でわかるのではないかと言われたのです。

一転して研究ストップ

ところが、ここからコロッと話が変わります。ここにタイプAという人がいます。競争心が非常にあり、人に絶対負けたくないというタイプの人で、心筋梗塞になりやすいと考えられています。つまり、数値目標を決めたらそこに到達したいという到達願望が非常に強く、非常に功名心にあふれている。時間に追われながらあれもこれもと、とにかく動いていくタイプの人です。

実は自分がタイプAかどうか調べる手だてがあります。アンケートなのですが、スーパーでレジに並ぶとき、ちょっとでも列の短いところに並ぶタイプの人間というのは明らかに負けず嫌いの人間（タイプA）だと言われています。でも、そういうときに限って隣のほうがスーっと進んだりしますよね。そうすると「クソッ」と思ってまた隣に移るようなタイプというのは、典型的なタイプAですね。このタイプAの人の尿酸値は高いと言われていたのですが、この説自体が全部崩れてしまったのです。

多くの研究費がいろいろな尿酸研究に使われたのですが、一九七〇年にアメリカがこれはいかがわしい科学だと言って、尿酸研究にはいっさいお金を出さないと決めました。そして全世界でこの研究がすべてストップしました。

どうしてかというと、尿酸を測定したら男性が女性よりも平均的に高かったからです。当時はウーマンリブ運動が盛んで、女性の社会進出が盛んだった頃です。研究費がないと研究できませんし、発表すれば新聞で叩かれます。だから一九九〇年までの二〇年間、この研究はいっさいいなくなっています。

それがなぜ今復活したかというと、神経細胞を培養して尿酸を入れると確かに細胞が死ぬ確率が低くなるということがわかったからです。つまり神経保護作用があるということが証明されたのです。もう一つは酸化作用を抑えることがわかりました。つまり活性酸素を抑えるのです。この二つの作用がわかり、もう一回調べようという気運が出てきました。

尿酸の研究は現在関節のお医者さんなどが研究していますが、これらのお医者さんが知能の研究にも興味をもって復活してきたところです。

言語知能にかかわる遺伝子

そこで、今度は逆にある特定の能力だけが落ちている人を探しました。特定の能力が落ちた家系の一番代表的なものが、自閉症という症状です。

自閉症というのは、他の能力は普通どおりあるけれど他人と交渉する能力だけが落ちています。しかも遺伝していそうである。ということは、ある特定の遺伝子を調べればわかる可能性を十分にもっていることになるわけです。

もう一つは難読症と呼ばれ、知能は普通だけれども言葉で文字を読むことだけができません。だから「特定能力」の読み方を文字で書けば「とくていのうりょく」と書けますが、読むときに限ってはこれを「とくべつのうりょく」というように読んでしまったりします。

知っているけれども読めない。このように特殊な能力が落ちている難読症という病気には、実は家系があるのです。この家系の解析でＦＯＸＰ２という遺伝子に欠損があったことがわかり、この遺伝子は人間の非常に高次で特殊な能力を担っているということで、今世界中の人がＦＯＸＰ２に興味をもっています。

実は自閉症の遺伝子はいくつか見つかっているのですが、このＦＯＸＰ２もその一つだったのです。つまりＦＯＸＰ２は、難読症だけではなく、自閉症という症状にも関係する可能性があるのです。もしこの機能が明らかになれば、人間のＩＱの一つの軸が明らかになる可能性があります。

ＦＯＸＰ２の機能は何かというと、特定の遺伝子の上流に結合する転写因子です（図4）。ある特定の遺伝子配列に結合して、ある遺伝子Ａやある遺伝子Ｂを読ませる働きがあるのです。とすると、ＦＯＸＰ２の標的配列を明らかにして下流にある遺伝子を調べてみれば、それが言語にかかわる本当の遺伝子ということになります。

ＦＯＸＰ２はその遺伝子を発現させる仲立ちみたいなもので、大事なのですが原因ではなく、言葉の発達にはＡとＢが関与しているはずです。ということで、みなさんの遺伝子ＡとＢを調べれば、この人は英語が得意な人なのになぜバイリンガルでないのかというこ

図4　転写因子の働き

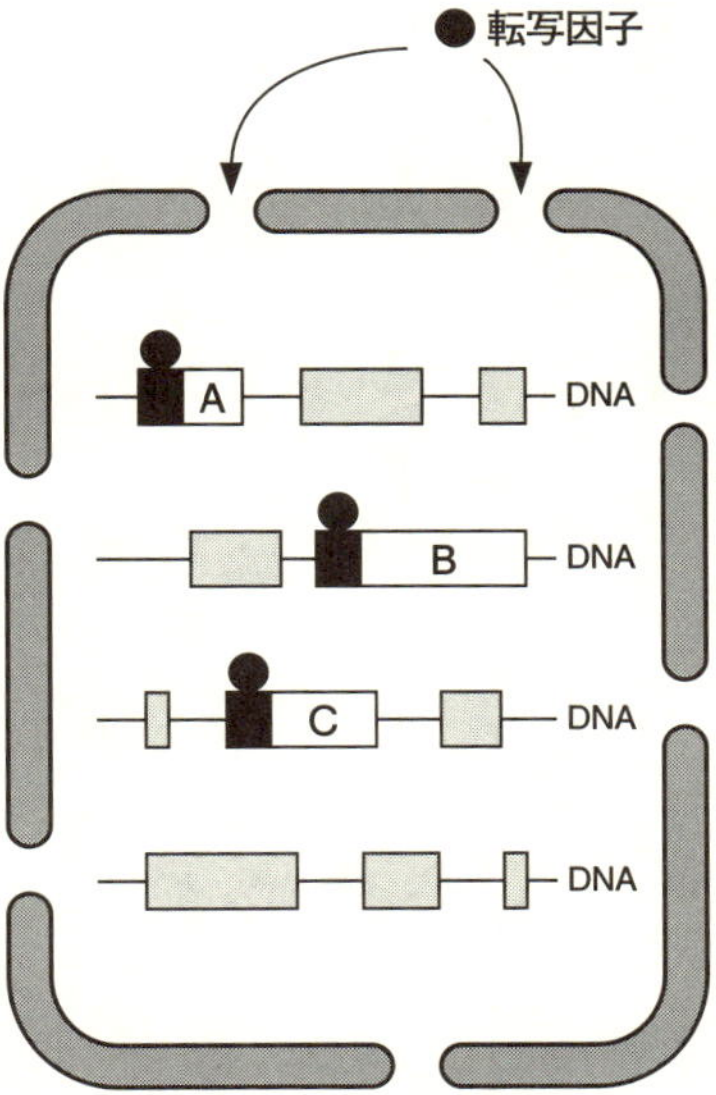

核の中のDNAには、いくつもの遺伝子が局在する。ここでは目を作る遺伝子A、B、Cがあると仮定すると、目を作るためにはA、B、Cだけが働かなければならない。これらの遺伝子の先には共通配列（■）があって、ここに転写因子が結合して3つともONになる。

とがひょっとしてわかるかもしれません。というところが今の研究の進み具合です。

FOXP2が見つかったのはついこのあいだで、FOXP2のターゲットはまだ見つかっていません[注1]。非常に大変な仕事ですね。みんな手探りの状態で、知能に何とかして近づこうとしていて、現在面白いところなのです。

IQが低い原因遺伝子

それでは、これから精神遅滞の話をしますが、実は興味深いことがわかってきました。遺伝性精神遅滞の遺伝子が明らかになってきたのです。

遺伝性精神遅滞というのは家族性にIQが低いということです。この遺伝性精神遅滞は一般的に男性に多い。女性で精神遅滞の子どもは親が調査に行かせないという話もありますが、そうではなくて明らかに三倍くらい男性のほうが多いのです。

ということは、精神遅滞の遺伝子はX染色体にのっている可能性が高いということです。例えばヘモフィリアと呼ばれている血友病とか、赤緑色盲（色覚障害）とか、デュシャンヌ型筋ジストロフィーという病気は一般的に男性だけが発病しますが、それはX染色体性（原因となる遺伝子がX染色体にあること）だからです。

そこで、一番最初にX染色体の遺伝子を調べましょうということになりました。すると

X染色体の上には現在だいたい六〇個くらいの精神遅滞の遺伝子があることが明らかになりました。この六〇個の遺伝子の機能を明らかにすれば、精神遅滞の原因がわかるのではないかと思われます。

精神遅滞の原因には、脳が非常に小さい小頭症と呼ばれている脳全体の神経細胞が少ない場合もあるし、神経はできているけれど神経と神経のコネクションができない場合もある。つまり、神経経路の形成不全が原因ではないかと考えられています。だから、神経の形成に関係するような遺伝子が関係しているのではないかと、みんな最初は期待して調べ始めたわけです。ところがあまりはかどっておらず、この六〇個のうち現在約二〇個くらいの遺伝子が判明しているにとどまっています注2。

一番最初にオリゴフレニンという遺伝子が見つかりました。GDI-1という別の遺伝子も見つかりました。PAC3という遺伝子、FMRという遺伝子、あとはL1CAMという遺伝子、ダブルコルチンという遺伝子……。こういうものがX染色体から見つかっている。

注1 ヒトとサルのFOXP2の標的が違うことが二〇一〇年に発表された。

注2 ゲノム計画により、精神遅滞の遺伝子は一〇〇～二〇〇ほどあることが明らかになっている。

きたのですが、X染色体以外からも遺伝子が見つかってきて、精神遅滞に関係する遺伝子はかなり多いことがわかっています。

例えば、FACL4（脂肪酸コエンザイムAリガーゼ）と呼ばれている脂肪酸に関係する酵素の遺伝子とか、MEGAPというもの、高血圧関連の遺伝子であるアンジオテンシン受容体2、トリプシン（タンパク質を分解する膵臓から出ている酵素）によく似たニューロトリプシンの遺伝子などがあります。つまり、脈絡のないいろいろな遺伝子欠損が原因であることが明らかになってきました。

よく調べてみると、ダブルコルチンは微小管に結合し、PAC3はアクチンというタンパク質に結合し、L1CAMは細胞の接着に関係する遺伝子であることがわかりました。つまり、これらがおかしいと神経細胞がちゃんとした形をとれないため、精神遅滞が起きるのではないかということになっています。

生体内スイッチが知能にとっても大事

面白いことに、最初に二〇個くらい見つかった遺伝子のうち、オリゴフレニン、GDI-1、MEGAPなどを含む三分の一～二分の一くらいが、みんなある同じ機能を備えていることがわかってきたのです。

その機能とは生体内スイッチ機能と呼ばれているものです。つまり、これらは体の中の化学反応のオン・オフを非常に速く入れ替えるようなスイッチ機能に関係する遺伝子であることがわかってきました。

この生体内スイッチ機能とは、低分子量Gタンパク質と呼ばれている一群の分子が関係する化学反応です。低分子量Gタンパク質というのは、ロウ（Ｒｈｏ）とかラック（Ｒａｃ）、ラス（Ｒａｓ）と呼ばれているタンパク質です。この低分子量Gタンパク質がオンになるときとオフになるときがあるのですが、面白いのはこのGタンパク質にグアノシン三リン酸（ＧＴＰ）が付くとオンになり、これが加水分解されてグアノシン二リン酸（ＧＤＰ）になるとオフになるのです。

この加水分解に働く物質をＧＴＰアーゼ活性化タンパク質（ＧＡＰ）と言います。つまり、ＧＡＰというのがスイッチをオフにします。また逆にオンにする（ＧＤＰをＧＴＰに戻す）のはグアニンヌクレオチド交換因子（ＧＥＦ）と呼ばれている因子です（図5）。

この生体内スイッチは細胞の中で非常に速くオン・オフが利くので、非常にいいスイッチになっています。また、ＧＥＦがスイッチをオンにするのをストップさせるのがＧＤＩという物質で、ＧＥＦの阻害剤になります。

先程挙げたＭＥＧＡＰと呼ばれている精神遅滞の原因遺伝子はＧＡＰの遺伝子の一つで

す。ＧＤＩ－１という遺伝子はＧＤＩそのものです。オリゴフレニンもＧＡＰとして働くことがわかり、体の中のスイッチのオン・オフに関係する遺伝子が精神遅滞の原因になっていることが多い。つまり、スイッチを調節する因子がおかしいと精神遅滞が起こるということが明らかになりました。

体の中で数万もの化学反応があるうち、そのうちの半分がこの単純なオン・オフ反応にかかわっていて、これがおかしいと精神遅滞になるのです。これは非常に大きなことですね。発見当初はつまらない反応だなぁと言われていたのですが、今から考えると大事な反応だということがわかってきました。

もう一つ面白いことは、ヒトゲノムというのがわかったとき遺伝子は二万五〇〇〇個あるということもわかったのですが、その二万五〇〇〇個のうちＧＡＰが七七個もあったのです。

図5 低分子量Gタンパク質のオン・オフ

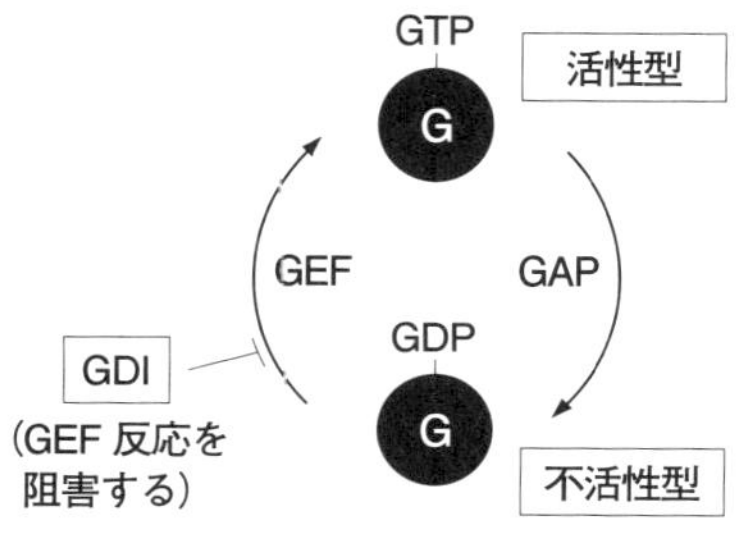

一個で済むはずなのに、ヒトの遺伝子は七七個も何でこんなつまらないものがあるのか、その当時から話題になっていました。いらないものが残っているだけじゃないかなんて考えられていたのですが、今から考えるとこの遺伝子の機能というのは非常に大事なものです。このなかには、知能の他にも神経の機能に非常に大切な役割を果たすものがあるのではないか、と現在では考えられるようになっています。

知能の研究はこれから

われわれが知能の研究をする場合に、もう闇雲にやるのではなくて、ようやく焦点を絞る相手が見つかってきたのです。だけど今、こんなことはほとんどやられていないので、将来、やりたいなあと思っています。

要するに人間の知能にはいろいろな要因があって、それに関係する遺伝子がようやくわかってきました。今回は知能に関して現在わかっていることをほぼすべて説明したのですが、これからの研究は人間の知能というのをどこから攻めていったらいいのかを考えていくことになるのです。

知能は親の育て方だけだなんて言っている時代はもう終わって、遺伝子も関係することがわかり、それを動物で実証するという時代がきています。

最後に大学生のための知能テスト

では最後に少し時間が余っていますので、大学生の知能テストをやってみましょうね（図6）。

問1について数学的知能のある人というのは、パッと見ただけですぐできるのだそうです。普通の凡才は7と7と7じゃないかなって考えるわけですけれども、違う三つの数字を入れなければなりません。わかる？　またそんなすぐあきらめる。あきらめちゃいけない。何となく一つは7のような気がしません？　そうすると2／7になるものと言ったら？　でもここが問題なんですよね。答えを言ってしまうと、4と28なんだそうですが、やってみればわかりますが8／28になって2／7になるよね。

こういう知能テストというのはやっぱりできる人とできない人がはっきり分かれていて、なかなか面白いものですね。大学生向きの易しい知能テストというのはいっぱいあって、問2は入れかえて別の単語を作れという問題。この五文字を入れかえたら別の単語になるのですが、できる？　Hをそっと左へもっていくと「HEART」になりますね。

このように知能というのは、いわゆる数学ができるとかいった問題ではなくて、こういう単純な問題でピンとくるかどうかという能力なのです。こういう聞いたこともない問題

図 6　大学生の知能テスト

問 1.　□の中に別々の整数を入れよ。

$$\frac{3}{7} = \frac{1}{\square} + \frac{1}{\square} + \frac{1}{\square}$$

問 2.　入れかえて別の単語を作れ。

EARTH

問 3.　アリストテレスの車輪のおかしいところを指摘せよ。

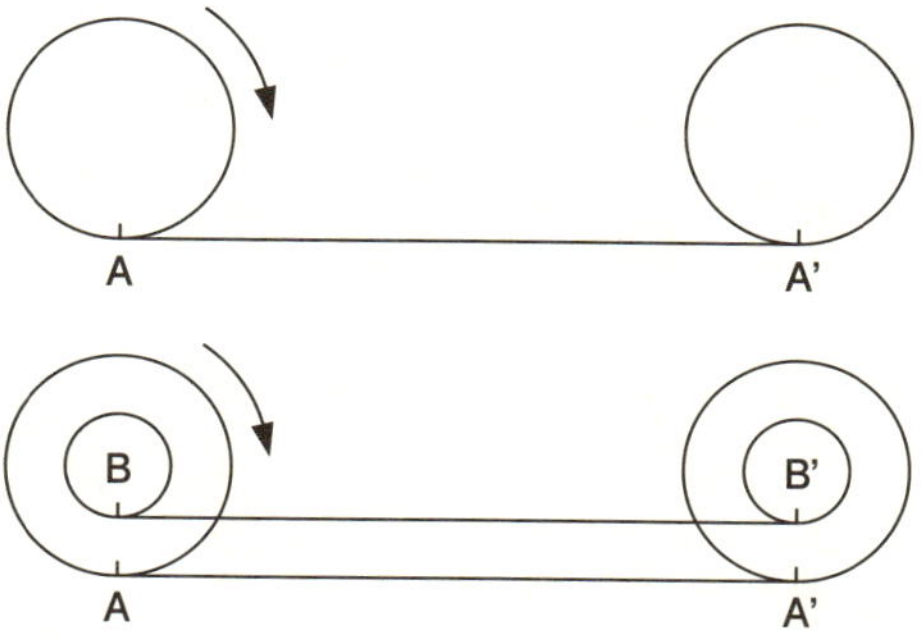

を見て、新しく解いていくというのが難しいのです。

では問3のような問題を見たことがありますか？　直線の上に円があって、その円をコロコロと転がして、回転させます。そうすると図のAからA'までの直線距離は、円周の長さに等しいよね。次に円ではなくてAの内側にBがある車輪だとします。車輪が一周してAからA'まで来ると、Bも同じところに来ます。そうするとBはこの直線の上をクルクルと回って、一周してB'まで来たことになります。BからB'への距離はAからA'への距離に等しいよね。よってAの円周とBの円周は等しい、という論理はどこがおかしい？　一周すると確かにAはA'まで来て円周に等しいね。同じように見ていくと、Bは一周してここまで来るわけです。Bは二周するだなんて思ってる人いませんよね？

これも非常に有名なアリストテレスの車輪という問題で、アリストテレスが自分のところに来る学生にこれができたら入門させてやると言った有名な問題ですね。二〇〇〇年前の問題です。

答えは簡単ですね。内側の小さい〇は確かに一周するのですが、ただ一周するのではなく、滑りながら一周しているのですね。やってみればわかります。滑りながら一周しているために、円周と移動した直線距離は一致しないというのが正解になるわけなのですが、はじめて聞くとこれはなかなか気がつかないことなのです。

第5講義

やる気を起こす遺伝子

意欲が物質によって規定されている、という大胆な説の紹介です。遺伝子改変マウスやヒトの疾患の研究から、ドーパミンが意欲に関係していることがわかってきた経緯と、ドーパミン関連遺伝子の多型(個人差)によって意欲にも差があるのではないか、という講義です。

第5講義の今回は、意欲のメカニズムのお話をいたします。

人間の意欲はどこから出てくるのかというのは、非常に研究がしづらい分野でありまして、意欲が高い人と低い人とを見分けることができるかというと、とっても難しい。東大には意欲がないようにみせるのが上手な人がいっぱいいて、友達にフェイントをかけておきながら自分は一生懸命勉強しているなんてやつがいるわけです。とにかく本当に意欲があるのかどうかをどうやって判定するかというのはなかなか大変で、これは後で言いますが、実験動物を使っても意欲を調べるというのはなかなか難しい話になります。

とすると、どうやって研究をしたらいいかということが問題になります。そこで、今日はいろいろな例をご紹介して、最後に何となく話が一つのところに収斂していき、それが結果的には意欲の研究になるのかなぁという話になります。

喘息の漢方薬マオウの副作用

いろいろな例がありますが、こんな話からしましょうね。喘息の薬のお話からしていきます。喘息の薬というのは今までにいろいろありますが、中国の漢方薬のなかにマオウというのがあります。今でもたぶん売られていると思いますが、このマオウというのはハーブティーみたいなもので、マオウ配合と書いてあると思います。

このマオウの成分で喘息に効くのはエフェドリンという物質で、このエフェドリンが作用すると気管支を広げます。喘息は気管支が狭くなってヒューヒューという音がしますから、気管支を広げることで非常に楽になります。このようなことは前々からわかっていました。

ところが、これを飲み過ぎると何か変な副作用が出てくるということがわかってきました。気持ちが非常に高ぶる。気持ちの高まりという言い方は変なんですが元気になるのとは違っていて、精神的に高ぶるというか、そういう非常に奇妙な状態に陥るということがわかってきました。しかも後から明らかになったのですが、それが続くと緊張状態になります。緊張状態というのは、交感神経が非常に刺激されたような状況です。

このことから、このエフェドリンの効果は気管支を広げるだけではなくて、もっと人間の気分を変えるものではないかということが、一九世紀くらいの中国の漢方薬の研究、またはその成分の研究から明らかになってきました。たぶんこれが気分に関する研究の歴史の一番始まりで、みなさんが飲んでいるお茶やコーヒーなどが気持ちを高ぶらせたり集中力が増したりすることがよくわかってきたのは二〇世紀に入ってきてからです。

そこで、このような薬は他にないだろうかと皆が探し始めました。そして見つかったのが覚醒剤なのですが、次はその話に入っていきます。

喘息の薬が覚醒剤へ

今神経が非常に高ぶるということをお話ししたわけですが、そういう副作用がなくて気管支だけを広げるような薬のほうがいいわけです。だから薬学の研究者はこの喘息を治そうとして次に何をやったかというと、神経には触らずに気管支だけを広げるものを探し始めたのです。そして見つかったのがアンフェタミンという薬です。

これはご存じのように今でも使われている覚醒剤です。日本で一番たくさん押収されている覚醒剤なのですが、なぜアンフェタミンが日本に一番たくさんあるかというと、構造が非常に簡単ですぐに作れるという特徴があるからです。でも、一番最初は喘息の薬として作られていたんですね。

アンフェタミンは確かに気管支を広げるには非常によかったのですが、これを長く続けるとやはり副作用が出ることがわかりました。どんな副作用かというと先程と同じで非常に気分が高揚します。「俺は社長になるぞー！」なんていう気分ですね。すごく元気になり、睡眠が非常に少なくて済むということがわかってきました。

ついには常習作用が出てきてアンフェタミンを何度も何度もとるようになり、これはまずいぞ、ということが明らかになってきました。このことが発覚する前は、マオウよりもひどい副作用がなく、喘息の薬として非常にいい薬でした。

実は元気になり睡眠時間が少なくて済むということで、今でもこの覚醒剤はあるところで使われています。これは世界中で非常に厳重な管理をされていて、日本でこんなものを持っていたらすぐにお縄にかかってしまいますが、眠らないようにする必要がある特殊な場所でこれが今でも使われているのです。どこか知っていますか？ これはアメリカの空軍で現在でも使われているのです。つまり、夜戦闘が起こったときにパイロットが眠っては困るので、眠らないでずっと仕事ができるようにと使われています 文献。

もう一つ、ナルコレプシーというすぐ眠くなる病気があり、その治療薬としても使われていますが、これは非常に少なく、それよりも空軍で使われることが非常に多い。とは言っても、普通の人が使うと常習作用が出てきて非常に困ることになります。今のアメリカの空軍でも、あまり使いすぎると覚醒剤中毒になるので薬の量はぎりぎりのところに抑えられています。

お医者さんがよく見張っているのですが、それでも二倍三倍と飲む人が出てきます。でもアンフェタミンがちょっと多くなると被害妄想などの症状がすぐ出てくるのでわかると

文献 Caldwell, J. A. et al. : Aviat. Space Environ. Med., 74 : 1125-34, 2003

言われています。誰かが自分を殺しに来るとか、警察が束になって私を探しているとか、そういうことを言い始めるのです。

非常に似ている脳内物質と覚醒剤

そこで、この話と意欲がどこで結びつくかというと、このマオウから取ったエフェドリンという物質とアンフェタミンは全く違う化学物質から出発して探されてきたものですが、その構造が非常によく似ていて、しかも人間の意欲にかかわる別の物質の構造とも似ているという話になってきたのです。

そこで、これらはどういう構造かというと、図1のような構造をしていることがわかりました。非常によく似ているということを覚えておいてください。今回の主役であるドーパミンという物質にすべての化合物が非常に似ていることがわかると思います。

このドーパミンという物質と途中まで全く同じですが、図のように「H」が一個「OH」になった物質のことをノルアドレナリンといい、体の中ですぐにアドレナリンに変わります。アドレナリンというのはカーッとなったときに出る化学物質ですね。

では、アンフェタミンはどんな構造かというともっと単純な構造で、「OH」が二つなくなってメチル基（「$-CH_3$」）が一つ付いただけです。昔第二次世界大戦の後、文学者がヒロ

図1　薬物の構造

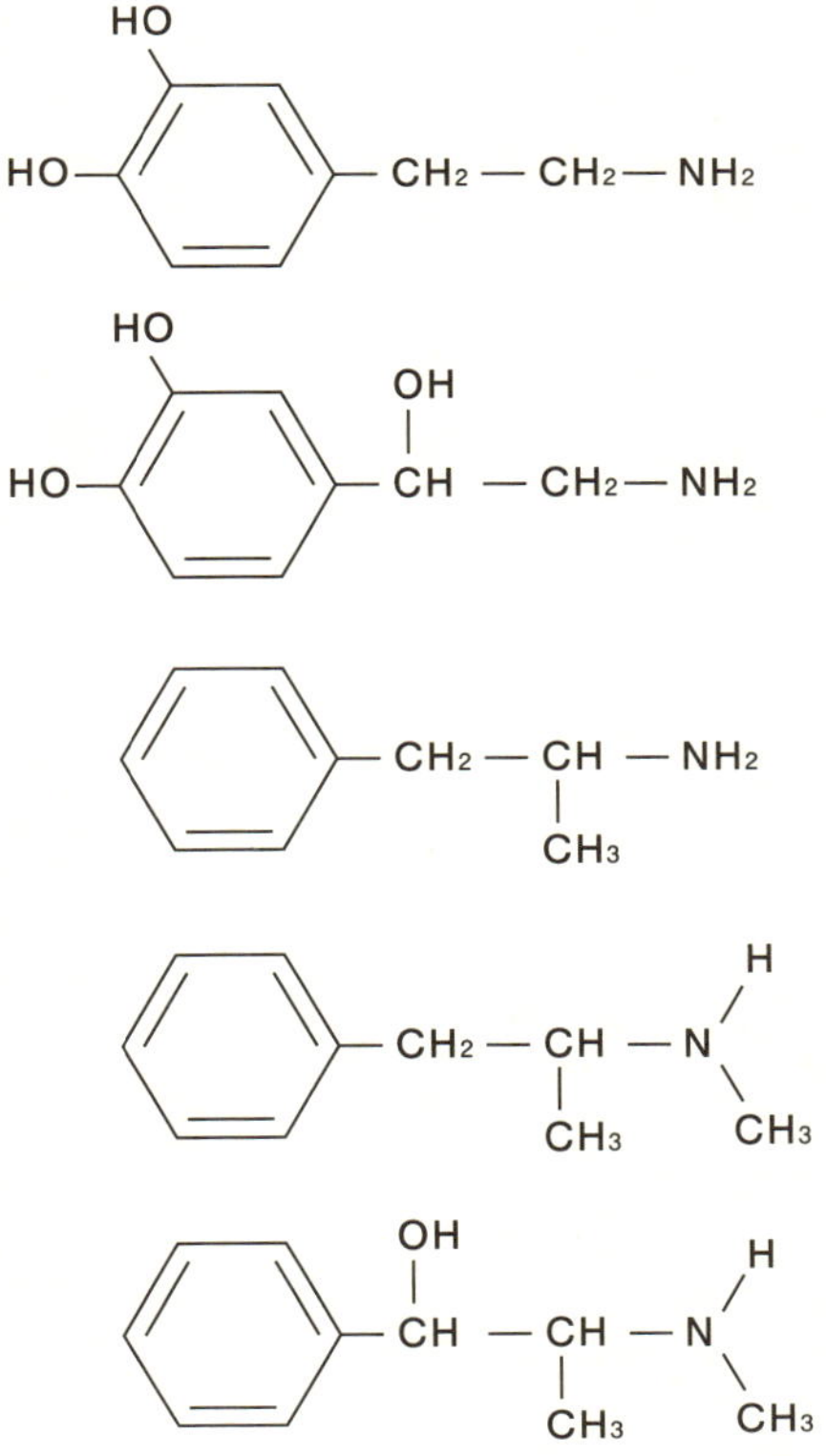

ドーパミン

ノルアドレナリン

アンフェタミン

メタンフェタミン
(ヒロポン)

エフェドリン

アンフェタミン、メタンフェタミンは脳に入っていくが、エフェドリンは脳に入らず気管支だけに効く。

ポンという覚醒剤を打って変な行動をしたという話を聞いたことがあるかもしれませんが、このヒロポンという物質はアンフェタミンに一つメチル基が増えているだけです。正式にはメタンフェタミンと言います。

アンフェタミンとメタンフェタミンは血液に注射すると二秒くらいで脳に行ってしまうのですぐ気持ちが高ぶります。そこで、喘息の薬エフェドリンはどうかというと、メタンフェタミンに一つ「OH」が付いているだけです。これがマオウという中国の漢方薬の中に入っている物質で、喘息は治りますが飲み過ぎると気分が高揚します。当然ですね。「OH」が一個多いだけで、ヒロポンとそっくりなんですから。ところが「OH」が一つ多いだけでエフェドリンは体内に入ってもなかなか脳に行かないのです。だから覚醒剤としては非常に弱いものとなっています。

これらは私たちの体の中にもっているホルモン、ノルアドレナリンとかドーパミンと非常によく似ています。この非常によく似た物質が私たちの気分を少しずつ変えているのではないかということになってきました。どういう気分かというと、特に「何かをやろう」というような意欲ですね。それをこれから証明していきます。

このなかで一番簡単な構造はアンフェタミンですね。だからこの覚醒剤が一番作りやすいんです。化学の知識のある人はすぐに合成ができてしまいます。でも作っちゃだめですよ！　これを聞いた方の誰かが捕まってこの講義で習いましたなんて言うと私がお縄になりますから。

さて、これだけ似ているのに少しずつ機能が違うということだけでも非常に面白いのですが、私たちの脳の中にあるこういう物質が人間の気分を決めているのではないか、ということがわかってきたのは非常に面白いことです。

そこで今回はドーパミンのお話をします。人間の気分とか行動に関係する一番有名な物質がこのドーパミンという物質です。ドーパミンが有名になったのにはいろいろ歴史があるのですが、すべて病気の研究から明らかになってきたことです。

意欲がなくなるパーキンソン病

一つはパーキンソン病という病気です。このパーキンソン病という病気は中年以降に発病する病気で、特に六〇歳を超えた人に非常に多く、日本において六〇歳以上ではアルツハイマー病と同様、多い。症状として、知的機能は正常なのですが表情が全くなくなり、口がぼそぼそしていて、ただぼーっとした感じになります。仮面のような顔というふうに言われています。そして歩行障害で歩き方がぎくしゃくした感じになり、ひどくなると最初の一歩がなかなか出なくなったり、歩き始めるとなかなか止まれないという状況になります。さらに、人によっては物に触れるとき震えたりします。だから見てすぐにわかります。このパーキンソン病という病気は実はドーパミン不足で起こることが解剖でわかりました。ドーパミンは脳の中にあるのですが、特に黒質と呼ばれている部分に非常に多く、この黒質のドーパミンが不足しているため非常に動きが悪くなっていることがわかりました。また、ドーパミンを補充してやると震えが止まるということもわかってきました。

そのときただ補充するのではなくて、ドーパミンはL-ドーパという物質から体の中で作られるのですが、このL-ドーパを投与すると非常に治りがよく、一時的にも非常に動きがよくなることがわかってきました。

直接ドーパミンを投与しない理由は、ドーパミンは脳の中に入っていかないからです。ところがL-ドーパは体の中に入っていき、脳の中でドーパミンが作られます。二時間から三時間後に作られますので、投与して二時間後くらいからだんだん動きがよくなってきます。このことからも脳の中のドーパミンという物質がこのパーキンソン病の原因だということがわかってきたのです。

ここで面白いのは、このパーキンソン病の人は知的機能はほとんど正常なのですが、一番大きな特徴として何かを自発的にやるということがありません。自発行動と呼ばれている「新しいことを何か始める」という意欲が少ないのです。このことがパーキンソン病の特徴です。ドーパミンが不足することで自発行動が少なくなるということは、明らかに人間の意欲にはドーパミンが関与している、ということがこのパーキンソン病から出てきた結論になりました。

もちろんこれだけではありません。パーキンソン病では動きも悪くなることから、ドーパミンというのは動きと意欲のどっちに関係するのかという話になります。そこで脳の中のドーパミン分布を調べてみました。するとドーパミンは脳全体にあるのではなくて、今言った黒質という部分にあることがわかりました。

ここは脳をスライスすると黒く見えるところで、メラニンという色素が非常に多い。だから黒質という名前がついたのですが、この黒質にドーパミンがあることがわかりました。

ところが、もう一つ線条体というところにもドーパミンは非常に多いことがわかりました。パーキンソン病の人は黒質から線条体に投射するドーパミン神経が減っています。これをよく調べてみると、この神経は手が震えるとか足がすぐ出ないという運動に関係していることがわかりました。ドーパミン神経というのは電気刺激によってドーパミンを細胞の外に分泌する神経です。一方、腹側被蓋から出るドーパミン神経は大脳に行っているのでこっちのほうが意欲に関係しているらしいということになりました。

つまり、脳の中の神経の場所によってドーパミンは二つの役割があるということです。

つまり、動きと意欲です。だから、この両方を分けて調べないといけません。特に大脳皮質に出ているドーパミン神経は何をしているかが非常に大きな問題になってきました。これが病気の話から「ドーパミンがどうも怪しいね」と言われるようになったまず一つ目のお話です。

ドーパミンの異常で落ち着きがなくなる

二つ目のお話も病気の研究です。注意欠陥・多動性障害（ＡＤＨＤ）のお話で、ＡＤＨＤというのは大きく分けて症状が注意欠陥と多動性の二つありますが、注意欠陥と多動性は全く違うものです。

一般的にＡＤＨＤの子どもは両方が重なっている場合が多いのですが、注意欠陥の子どもは落ち着いて物事ができない、宿題をやらせても三分も集中できない、というような症状を呈します。もう一つの多動性障害は、一時もじっとしていられず動き回ってしまう、授業もじっと聞いていられないという症状です。

これも薬の研究からドーパミンの機能がおかしいのではないかということがわかりました。メチルフェニデートという薬がＡＤＨＤの子どもの七〇％に効果があることがわかりました。つまり、メチルフェニデートがＡＤＨＤに効果があるということは、この薬が何をしているかがわかればこの病気の原因が明らかになるわけです。

実は、このメチルフェニデートは脳のなかのドーパミン神経にかかわっていて、この薬を使うとドーパミン神経の機能が変わります。メチルフェニデートはドーパミントランスポーターに結合することがわかりました。このドーパミントランスポーターという分子を介してドーパミンが再吸収されています。

すなわち、ＡＤＨＤの子どもはメチルフェニデートにより明らかに多動が少なくなってきて動き回らなくなり、集中して宿題ができるようになりますが、そのときメチルフェニデートは脳のドーパミントランスポーターにくっついているわけです。つまり、ドーパミンの動きを変えることによってＡＤＨＤが治ったということですね。ＡＤＨＤという病気はドーパミンが出ていくところか、戻ってくるところか、どこかドーパミンの動きがおかしい、ということが結果的に明らかになってきたのです。これが二つ目のお話です。

ここでは、ＡＤＨＤというのは先程のドーパミンの二つの役割のうち、主に運動のほうに関係している病気であることがわかってきました。では、意欲は何も変わりはないかというと、それも違うのです。

ＡＤＨＤの子どもというのは動くだけではなくて何でもやりたがることは確かですので、多少は意欲にも関係しているのではないかと考えられてきて、ドーパミンというのはこの二つの病気から機能がだんだんはっきりしてきたわけです。

ドーパミンが出すぎると被害妄想や幻覚症状が出る

三つ目は覚醒剤のコカインとアンフェタミンの話です。コカインとアンフェタミンは両方とも非常に有名な覚醒剤なのですが、症状はちょっと違います。コカインのほうがまだマイルドな症状でアンフェタミンのほうが非常に強い被害妄想を起こすことがわかっています。

そこで動物実験で、コカインに放射能を付けて注入し、コカインがどこへ行ったかを調べてみたら、コカインはドーパミントランスポーターに結合し再吸収を阻害していることがわかってきました（図2）。

つまり、先程のメチルフェニデートはくっつくだけだったのですが、コカインを飲ませて中毒になったマウスでは、ドーパミントランスポーターの働きをコカインはきちっとブロックしてドーパミンが戻らないようにしているということがわかりました。

さらに脳の中のドーパミンの量を測ると確かに過剰になっていて、シナプスのドーパミンが非常に多いことがわかってきました。すなわち、コカインで生ずるような被害妄想とか多動（動物にコカインを打つと非常によく動くようになります）という症状は、すべて脳の中のドーパミンが多くなっていることが原因だと証明できたわけです。この覚醒剤の研究も非常に強力な証拠になりました。

一方、アンフェタミンはもっと驚くべきことをやっていて、コカインはただドーパミントランスポーターをブロックするだけなのですが、アンフェタミンは神経の中にたまっていたドーパミンを無理矢理、再吸収と逆方向に引っ張り出していることがわかってきたのです。つまりアンフェタミンの機能はドーパミントランスポーターを介してドーパミンを外に排出するということがわかってきました。

普通トランスポーターは中に入れるだけなのですが、そこから外にぐっと引っ張り出してきて非常に強いドーパミン過剰反応を引き起こすのです。アンフェタミンもコカインも被害妄想とか幻覚症状を引き起こすことがヒトによる実験で証明されていて、そういうこととドーパ

図2 覚醒剤の作用

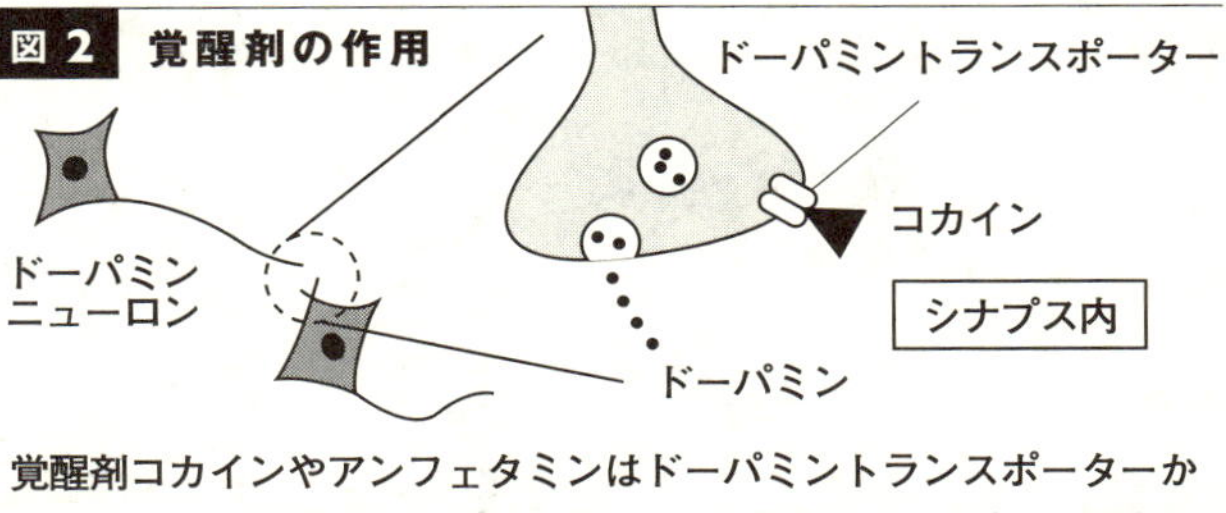

覚醒剤コカインやアンフェタミンはドーパミントランスポーターからのドーパミン再吸収を阻害して、シナプス内のドーパミン濃度を高める。

ミンには非常に強い関係があります。

コカインとアンフェタミンはみなさん悪いことしか知らないと思いますが、最初これらは薬として売られていました。コカインは昔®コカ・コーラの中に入っていたので、飲むと疲れが取れると最初非常によく売れました。今でもアンフェタミンは「疲れがとれますよ、夜眠らなくても済みますよ、安いですよ、へへへ」と売人が売っているわけです。ほんの少量だと疲れが取れるのと同時に、「私は何でもできる」という意欲が出てくることは確かなんです。しかし、用量を誤れば先程言った被害妄想や幻覚症状を引き起こすことも確実です。

全体をまとめますと、ドーパミンという物質がちょっと出ると意欲にかかわり、たくさん出すぎると幻覚とか被害妄想にかかわってくるのではないかという話に結びついてきたのです。これに反論する材料は一つもありません。ドーパミン以外の物質でこういうことができるというのもありません。ということは、犯人はドーパミンに違いないとなってきたわけです。

多いと幻覚、少ないとパーキンソン病

では四つ目のお話です。証拠が統合失調症（精神分裂病）の方からも出てきました。統

合失調症の典型的な症状は被害妄想、幻覚という覚醒剤中毒と全く同じものです。この症状が覚醒剤と似ているからドーパミンがおかしいんじゃないかな、とみんな思い込んでいました。

そこで、統合失調症の薬がいろいろ出て、特に幻覚を抑える薬が一番最初に開発されました。それが今でも使われているハロペリドールという薬です。

ハロペリドールは幻覚を抑えるのと同時に、投与量が多すぎるとパーキンソン病みたいになるということが明らかになってきました。要するに、ドーパミンがたくさん分泌されていると幻覚があって、それを抑えると普通になり、不足するとパーキンソン病のようになる、というように話が全部結びついてきたわけです。

わかりますか？　すなわち同じ一つの薬の投与量を増やしていくとまず症状（幻覚）が治り、引き続きパーキンソン病が出てくるということは、脳の中での物質で多かったのが少なくなったためと考えれば一番説明がつきやすいので、このことからもドーパミンがこれらの病気にかかわっているという証拠になってきたのです。結果的には、ドーパミンが多いという症状を統合失調症と言ってもおかしくないわけです。

これが「ドーパミン仮説」と呼ばれている仮説で、一九九〇年に入ってこれに異を唱える人は誰もいなくなりました。ドーパミンという物質は非常に大切な物質らしいとわかってきたわけです。

そこで、このことは証明しないといけませんね。一番いいのはみなさんを使って意欲があるときとないときでドーパミンの量がどう変わっていくか、特に線条体のドーパミンの量がうまく測れれば証明できるわけです。ところが残念ながら人間の脳の中にあるドーパミンを測るという技術がまだないのでどうしようもありません。そこで、これはマウスをうまく使って実験するしかなかろう、ということで遺伝子改変マウスが作られました。

まず、ドーパミントランスポーターをノックアウトしたマウスを作ったのです。ノックアウトというのは、その遺伝子を潰して働かなくしたという意味です。

落ち着きがないマウス

そうするとどういうことが推測できますか？　神経の中にあったドーパミンが外に出ていくことは確かです。ところがあるはずのドーパミントランスポーターがないのですから、出たドーパミンは出っ放しになります。

回収といってもじわじわと戻ってくるのを待つしかないので非常に遅くなります。だからドーパミンが過剰になり、このマウスは覚醒剤を飲んだときと同じようになることが期待されますね。覚醒剤はこのドーパミントランスポーターをブロックするのでドーパミンは出っ放しになるという話でした。

そこでビームブレイクという実験を行ってみました。なんかカッコよさそうな名前ですね。これはどういう実験かというと、マウスを一メートル×一メートルの明るい箱の中にポンと置きます。壁の高さは一〇センチあって越えられないようになっています。

明るい光を放つとマウスというのは必ず隅っこのほうに行くことがわかっています。恐いから広い部屋の中ではあまりうろうろしないのです。でも元気なマウスはたまにちょろちょろ出てきて、また音がするとピタッと隅っこのほうに行きます。みなさんのなかでも授業を受けるときに必ず一番後ろに座る人とか端っこのほうに座る人っているでしょ。何となくそういう人っているんですよね。マウスもそうなんです。

そこで一〇センチおきにレーザービームみたいのを張り巡らせておきます。マウスがたまにひょろひょろと動くとビームを何回か遮る（ブレイクする）ことになります。ここで一分間に何回このレーザービームをブレイクするかを測れば、どれくらい動いているかという計算ができます。これがビームブレイクという実験で、正常マウスでこのブレイク回数を数えますと、入れてから一〇〇～二〇〇分するとほとんど動かなくなります。

一般的に、入れたら最初はうろうろしながらビームをブレイクするのですが、だんだんと動かなくなりビームブレイクが起こらなくなります。ところがドーパミントランスポーターをノックアウトしたマウスは少なくとも三倍近くビームをブレイクすることがわかりました（図3-①）。＋／＋というのは遺伝子をもっているという意味で、－／－というのは遺伝子をもっていないノックアウトという意味です。遺伝子というのは二本ありますから、二本とも遺伝子をノックアウトしたという意味で－／－と書きます。＋／＋というのは野生型（ワイルドタイプ）で普通のマウスということです。

結果、ノックアウトマウスはビームブレイク回数が最初は二・五倍くらい多くて、時間が経っても回数が多いということがわかりました。つまりドーパミントランスポーターがないマウスはちょこまかと動き回るということがわかってきたわけです。

これはドーパミンが動きにかかわるという非常に大きな証拠ですね。たった一個の遺伝子が働かないだけで動きがずいぶん変わってくるのですから。

そこでこのビームブレイクを今度は昼と夜に分けてもう一回定量したのが次のデータです（図3-②）。一般的にマウスは昼のほうが動きが悪いことが知られています。先程の結果は昼のものですが、＋／＋と－／－のマウスはビームブレイク回数が五〇〇回と二五〇〇回で五倍の違いがありました。

夜になるとこれが一〇〇〇回と四五〇〇回くらいに変わります。夜なので動きはどちらも活発になりますが、これも五倍くらい異なるということがわかりました。つまり、ドーパミントランスポーターを潰してやると昼も夜も非常に動き回るマウスだということが証明され、ということはドーパミンは動きにかかわるという実験的な証拠になったのです。

次にこの－／－マウスにアンフェタミンを与えてみました。どういう結論が推測されますか？　アンフェタミンはドーパミントランスポーターに結合してドーパミンを引っ張り出すという働きがありましたが、－／－マウスは元々ドーパミントランスポーターがあり

図3　ドーパミントランスポーターがないネズミの行動

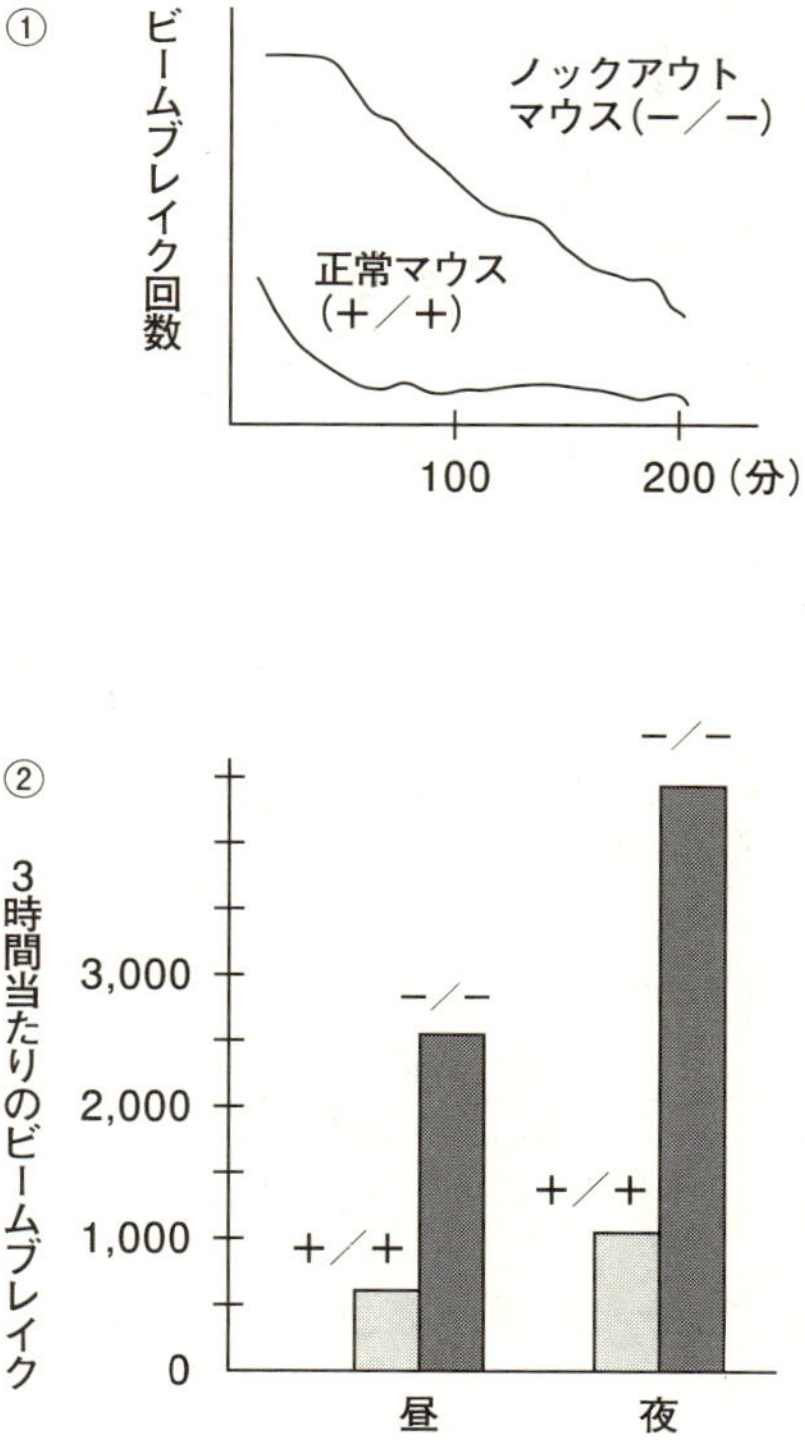

ません。なのでアンフェタミンがドーパミンを引っ張り出すことはできませんね。ということはこのマウスにアンフェタミンを与えても全く動きに変化がないことが予想され、実際そうでした。

これはアンフェタミンがドーパミントランスポーターを介してドーパミンの動きを制御していて、ドーパミントランスポーターがないとアンフェタミンは全く効かない、とすべて話がうまくできています。つまり、このマウスは覚醒剤が効かないマウスになったのです。

そうすると今、覚醒剤は世界中で非常に大きな問題になっていますが、ドーパミントランスポーターがない人間ができれば覚醒剤はいっさい効かなくなるわけです。その代わりその人は、人より五倍動き回るせわしない人間になるかもしれません。

意欲はあったか？

このドーパミントランスポーターのノックアウトから、動きに関する非常にクリアな結果が得られました。問題は意欲のあるマウスができたかどうかですよね。全身でドーパミントランスポーターの遺伝子がなくなっているので、黒質のドーパミンだけでなく線条体のドーパミンも理論的には多くなっているはずで、このマウスは意欲のあるマウスになっているはずです。

そこで実際実験が行われましたが、非常に大きな問題として、マウスの意欲というのはどうやって計測するかというのがあります。人間だって意欲の測定は難しいよね。実は唯一の測定方法があるんですが、何だと思います？　マウスが「今日は何を食べようかな」なんて言わないわけですよ。

マウスの意欲は、マウスを飼っているところにクルクル回るものとかおもちゃを入れて測定します。そうするとマウスというのは面白いもので、必ず新しいおもちゃのところに最初に行くんです。同じおもちゃがずっとあるとそこには行かなくなって、目新しいものがあるとそこに行くというのは経験的に知られていて、これを使えばマウスの意欲を測定することができます。

パッと見て何か面白いものがあるとそこへ行くというのは意欲の一つですよね。ということで測ってみましたが、このドーパミントランスポーターのノックアウトマウスというのは、あまり普通のマウスと差がありませんでした。本当はそれで差があれば素晴らしい研究になって、ドーパミンが意欲と運動を司っているということになったのですけれどね。残念ながらこの当時（実験は一九九五年）はなかなかうまくいかないということになったわけです。

ドーパミンと意欲をむすびつけた最後の証拠

次にドーパミン機能の最後の証拠が突きつけられました。この実験によって、ドーパミン説はたぶん完璧に正しいだろうということになりました。

今回の実験では別の遺伝子改変マウスが作られました。脳の中にはドーパミンがたくさんある黒質という部分がありますが、黒質の隣にはノルアドレナリンがたくさんある青斑核という部分があります。なぜこういう話をするかというと、ドーパミンとノルアドレナリンは次のような関係があるのです。

私たちの食べ物のなかにはアミノ酸というものが入っていてその中にチロシンというアミノ酸がありますが、このチロシンというアミノ酸がL-ドーパというものに変わり、ここからドーパミンが作られます（図4）。

今回の一番最初にお話ししたと思いますが、ドーパミンに「OH」が付くとノルアドレナリンができます（図1参照）。これからちょっと難しい話をしますが、このチロシンからL-ドーパを作る酵素をチロシン水酸化酵素（TH）といい、L-ドーパからドーパミンを作る酵素をドーパデカルボキシラーゼ（DD）といい、最後にドーパミンに水酸基を付けるドーパミンβヒドロキシラーゼ（DβH）という酵素がノルアドレナリンを作ります。

この化学反応の順番がわからないと今からお話しすることがわからないので、ちょっとこれだけ頭に入れておいてください。

今何をやりたいかというと、ドーパミンの量を少なくしたマウスを作りたいのです。ドーパミンが少なければ逆にやる気のないマウスができるのではないかということです。今まではドーパミンを多くしていたのですが、そうしたら普通よりも多く動き回りました。

図 4　ドーパミンの代謝

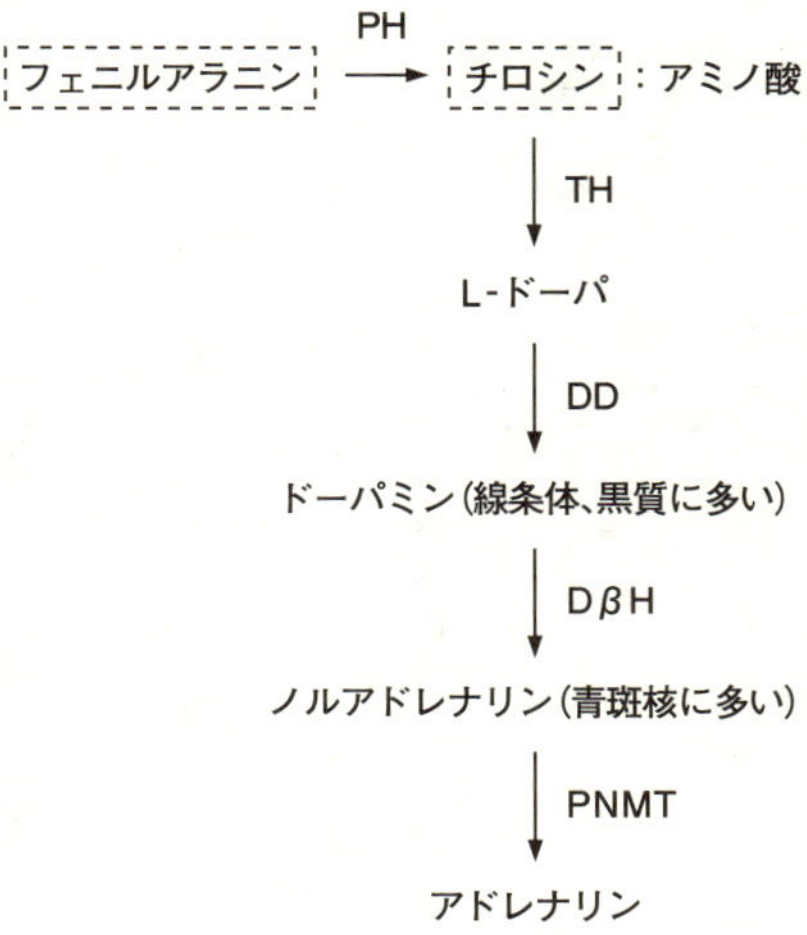

ドーパミンやノルアドレナリンは、アミノ酸であるフェニルアラニンやチロシンから作られる。ドーパミンは線条体や黒質に多く、ノルアドレナリンは青斑核に多いということは、ノルアドレナリンを作る酵素 DβH が線条体・黒質に少なく、青斑核に多いということを示している。ドーパミンがないマウス（ノルアドレナリンはある）を作るためには、TH 遺伝子を全身からなくして、青斑核でのみ TH と DβH を働くように操作すればいい。

だからドーパミンを逆に少なくすれば動き回らなくて、パーキンソン病みたいにやる気のないマウスができるかもしれません。

そこでどうしたかというと、ドーパミンをなくすためにTHを潰してしまいました。THという遺伝子は一番上の反応（チロシンからL-ドーパが作られる反応）を司る酵素ですが、体の中のどこにでもあります。THを潰すとドーパミンはできませんが、ノルアドレナリンもできなくなってしまうのです。このノルアドレナリンは心臓を作るのに必須なもので、これがないと動物は生まれてきません。THの遺伝子を潰してしまうと、ドーパミンだけでなく全部できなくなりますからすごく困るわけです。だからTHを潰しただけではだめです。

ところで、ノルアドレナリンというのは脳の中の青斑核という部分だけにあるので、青斑核でノルアドレナリンは作られます。DβHという酵素がノルアドレナリンを作りますから、DβHの遺伝子の前には必ず「青斑核でDβHを作れ」という指令があるのです。

そこでこんなことを考えた賢い人がいます。まずノルアドレナリンがないとマウスは生まれませんから、ノルアドレナリンは絶対必要なのです。だからドーパミンだけをなくしたいのです。そこでこう考えました。このDβH遺伝子のところにTH遺伝子を差し込んでやったらどうか。つまり、TH遺伝子は元々二つとも潰しておき、一つのDβH遺伝子のところにTH遺伝子を入れてやります。そうすると、体全体でTHがないので、体全体でドーパミンはできません。ところがここで注意してほしいところは、青斑核だけにはTHもDβHもできるので青斑核だけ図4の反応が全部起こるということです。つまり青斑核だけでノルアドレナリンができるのです。

いいですか。THを全部潰してしまうとノルアドレナリンはできないけれども、DβH遺伝子の前にある「青斑核で作れ」という指令の後ろにTHを入れてやります。そうすると青斑核の中でだけTHもDβHもできるから、青斑核の中だけは反応が全部起こりノルアドレナリンができて心臓もできるということです。その他の体の中ではTHが潰れているのでドーパミンはできません。結果的に、ノルアドレナリンを作る細胞がある青斑核の中でだけノルアドレナリンを作らせてやって、その他の体の中ではドーパミンをすべて抜いたという特別なマウスができたわけです。

意欲のないマウス

驚くべきマウスができました。このマウスは生まれても餌をとらない、水も飲まない、動かない、何もしないマウスになったのです。どんなおもちゃを与えても何もしない。腹が減っても無理矢理飲ませないと水も飲まない。全く意欲のないマウスができたのです。

動物実験で意欲とドーパミンがこれほど結びついた例はありません。つまりドーパミンができないマウスを作ったら、結果的に水、食物をとらない、遊ばない、ほっておくと餓死して死んでしまうマウスだったのです。

チロシンからL-ドーパができてドーパミンが作られますから、パーキンソン病の患者と同じでこのマウスに一つ前のL-ドーパを与えたらどうなるかという実験を行いました。すると体の中に入って脳の中でドーパミンが作られるはずですよね（図4でL-ドーパから下の反応は起こっています）。そこでどうなったかというと、L-ドーパを飲んだ一時間後から急に動き始めてご飯も食べ始めたのですが、ドーパミンが切れたらまた何もしなくなってしまいました。注射をして一時間が経つと体の中から脳に行き、急に動き始めてご飯を食べ、おもちゃで遊び、普通のマウスと全く同じように行動しておきながら、ドーパミンが切れる四時間が経つと何もしなくなります。ここで脳を調べてみると脳の中のドーパミンがなくなっていることがわかりました。

ドーパミンが体の中でできている間は食べ、遊び、いろいろなことをするということがわかってきて、これが最終的な証拠になりました。ドーパミンというたった一個の物質がものを面白いなどと感じる、人間の意欲に必要なすべてのことをやっているのではないかというといろいろな状況証拠が積み重なっているのですが、ドーパミン関係のことではじめて明らかになったのがこの遺伝子改変マウスの研究です。

たった一個の遺伝子を変えて、ドーパミンというたった一つの物質を作れなくするだけで、意欲のないマウスができました。これはある意味で人間の脳の研究のなかで非常に大きなブレイクスルーとなりました。これがわかったから、ヒトの行動というのは分子で説明できるのではないか、と科学者ははじめて実感したのです。このドーパミンの話は非常に面白い話としてみなさん覚えておいてください。

そこで、細かいデータは言いませんが、こういう行動とか気分にかかわる病気はいっぱいあって、例えばADHDや、その他に自閉症、統合失調症、引きこもり、うつ病などいろいろあります。現在これらの症状はわかりました。では原因は何かというと、ADHDに関してはドーパミン系の遺伝子の産物が先天的、または後天的におかしいと考えられているのですが、面白いことに遺伝的にADHDになる家系は意外と少ないのです。ところがその一方で、自閉症の家系が見つかってきました。

どういうことかというと、ADHDよりも自閉症とか統合失調症のほうが、現状では遺伝子の影響が強いであろうということです。ところがADHDに限っては、子どもが産まれるときに無酸素状態になったとか、未熟児で産まれたとか、そういう後天的なもので脳の中のドーパミン系が異常になったためではないかと考えられています。まだ原因は何もはっきりしていないのですが、いろいろな遺伝解析から遺伝子によるものがどうも強そうだというものと、そうではなさそうだというものに分けられている、というのが現状です。

人工合成ヘロインの中の不純物

では、最後に恐い話をして終わりにします。この話は意欲とドーパミンについて話すうえでどうしてもしなければなりません。もう一回パーキンソン病に戻りますよ。パーキンソン病は意欲がなくなるので、一生懸命働かなければいけないのに仕事への意欲が湧かないということになり非常に大きな問題で、パーキンソン病の原因は何だろうかということになってきました。

そこで、ある昔の事件のお話をします。デビットと呼ばれているある二三歳の若者のお話です。このデビットはあるとき病院に担ぎ込まれてきました。そのときのデビットは手足が震え自発的な言葉を発することがいっさいありませんでした。何か問われると答えますが、自分からは言葉が発せられないのです。また、自分から何かしようとする自発的動作が全くないという、まさしくパーキンソン病の症状で運び込まれました。

パーキンソン病は老人にしかみられないものだと思われていたので、こんなに若い人がパーキンソン病にかかるはずがないと、お医者さんは非常に困惑しました。

デビットの家に行ってよく調べると、家のなかに怪しいものが転がっていました。どうもデビットは自分の部屋でヘロインに代わる代替ヘロインを合成していたらしいのです。合成していたと思われるフラスコなどが見つかって、ヘロインを作る途中で変なものができ、それが体の中に取り込まれてこういう症状になったのではないかと推測されました。

この代替ヘロインはMPPPという物質で、この物質を作るには非常に温度を慎重に調節しなければいけないのですが、どうもいい加減にただ混ぜただけの様子で、変なものができたのではないかと推測されました。実際にMPPPを高温で合成するとMPTPという副産物ができることがわかりました。

このMPTPという薬が原因かと思いサルに投与すると、全く同じ症状が出ました。このことから、デビットは合成がうまくいっていない変なものを取り込んだのではないだろうかと考えられたのです。

ところがこのMPTPは最初ラットで実験が行われたのですが、何の影響もみられなかったので一時ほっておかれていました。ところが注意深い先生がいて、「サルでやってみたら」と言って、「面倒くさいなぁ」といいながらサルでやってみたところ、先程のような症状がみられたのです。

これは科学者にとってある意味では非常に大きな教訓になりました。普通実験というのは全部ネズミでやります。簡単だからどんな毒性実験もネズミでやるのですが、たまたまこの実験に限ってはすべての動物の中でラットだけができなかったのです。ラットにこのMPTPを注射しても、非常に肝臓の解毒能力が強いので、すぐ分解してしまうことがわかりました。

こんなことは当時はわからなかった。そのために結構時間がかかってしまい、デビットの事件の本当の犯人はなかなか捕まりませんでした。その間、デビットは何回か入退院を繰り返していて、こんな若さでパーキンソン病になるはずがないと言われながらも、先程言ったL-ドーパを与えるとよくなるので明らかにパーキンソン病だと思われていました。

最終的には病院の庭で亡くなっているところを発見されたのです。何度も何度も入退院を繰り返して、家へ帰ると覚醒剤をやっていたらしく最終的には亡くなってしまいました。

パーキンソン病の原因はチョコレート？

みなさん、この話を聞いて他人事と思われる方がいるかもしれませんが、パーキンソン病って日本の高齢者の一割がかかる病気です。デビットの場合も原因は覚醒剤でしたが、結果としてパーキンソン病になったことは確実です。すると、私たちの身の回りにMPTPみたいなものがあるのではないかという話になるわけですよ。なぜならパーキンソンソン病には遺伝的なものがほとんどない。現在日本に何十万人も患者がいるパーキンソン病ですが、発症する人と発症しない人がいます。家の中でも全員が発症するわけではなく、ある人だけが発症するのです。そういう人はどんな人かということが問題になりました。

みんな何だと思います？　タバコを吸う人かな？　残念ながら違います。タバコが唯一いいのはパーキンソン病に効くのです。タバコを吸うとドーパミンが出てきて、動きがよくなるんですね。だからタバコを吸う人は、癌で早く死ぬかもしれないけれどパーキンソン病になったときだけは大丈夫ですね。実はパーキンソン病の原因はまだわかっていないのです。

これだけ多いパーキンソン病が、何か特定の人だけがさらされているような環境毒物、ある人だけが飲んだり食べたりしているようなものによって引き起こされているのではないかと、デビットの話から予測されるようになってきたのです。

でも、こんなＭＰＴＰのような覚醒剤を毎日家で作る人は多くないですよね。では他に、特定の人だけがさらされていて、原因となるようなものは何かないだろうか。

候補となるものが二つ出てきました。何だと思います？　一つ目として、実はこのＭＰＴＰという化合物はある化合物を非常に高熱で処理するとできるということがわかってきて、そのある化合物というのがチョコレートの中に入っていることがわかったんです。

チョコレートを食べる人がパーキンソン病になるのか？　でもこれは否定されました。一般的にパーキンソン病は男性が多いのですが、チョコレートを食べるのは圧倒的に女性のほうが多いですよね。もしチョコレートを食べた人が五〇年経ってパーキンソン病になる、なんていったらたまったもんじゃありません。また、チョコレートに含まれているある物質というのは非常に高熱で処理しないとＭＰＴＰに近い形にならないので、現実的ではないだろうということになったのです。

いや殺虫剤が原因ではないか

ところが、もう一つ容疑者が出てきました。みなさんが普段普通に触れていて、なんか体に悪いなーと思いながら使っているようなものです。それを実際動物に打つとパーキンソン病になったのですが、何だと思います？

普段家で使いながら「なんか体によくないんじゃないかなー」と思いながら使っているものがありますよね。実は殺虫剤だったんです。殺虫剤をシュッとやっただけでゴキブリが死ぬのに、ヒトには大丈夫だってみんな思いますか？　絶対悪いに決まっています。臭いを嗅いだだけでウッてなりますよね。そこで、調べてみるとある殺虫剤を扱う会社のなかにパーキンソン病の人がたくさんいたのです。

このことから、若いときからどこかで殺虫剤にさらされていたような人の体の中にそういうものが蓄積して起こるのではないか、という説が生まれました。ここで注意していただきたいのは、「ではないか」ということです。確定ではありません。

その原因と疑われた殺虫剤の成分というのは、ロテノンというものです。ロテノンは残念ながらというか幸いというか、日本ではほとんど殺虫剤に含まれていないもので、マメ科のデリスという植物の根から採れ、非常に強い殺虫効果をもっています。そしてこのロテノンをラットに打つとパーキンソン病様の震えを呈することがわかってきました。

パーキンソン病のように非常に多い病気は、環境の何かが原因で起こるとみんな思っているのですが、それがはっきりしません。そのなかで殺虫剤が候補として出てきたということは、ヒトの体によくないものをたくさん吸うというのはよくないということで、ある意味必然なのかもしれません。これを考えるとタバコを二〇年も三〇年も吸うというのは信じられません。早く死んでも当然だよね。そういう体に悪いものはあまり体に取り入れないほうがいいというお話です。

幻のパーキンソン病原因物質

もう一つ有名な例がソテツの実ですね。この話はオリバー・サックスという人が小説でグアムパーキンソン病の話を書いています。
オリバー・サックスの『色のない島へ―脳神経科医のミクロネシア探訪記』（早川書房・一九九九年）という本を読むといいのですが、グアム島にパーキンソン病様症状を呈する部落があって、その人たちはソテツの実を食べていた。ソテツの実は非常に強い毒をもっているのですが、昔は食べ物がなかったから、それを水にさらして食べられるようにしていました。ところがそのなかからパーキンソン病みたいな症状が出てきて、ソテツの中に原因となる成分が入っているのではないかと推測されました。しかし、ソテツの実をだんだん食べなくなってグアムパーキンソン病という症状自体がなくなってしまったので、今ではもう調べることができないのです。

このようにパーキンソン病を引き起こすような環境因子というのが何かある。今環境ホルモンが問題になっていますが、このパーキンソン病も何か毒物が起こしている可能性が否定できないというところが現状です。

パーキンソン病が研究対象として興味深いところは、意欲がどうしてなくなるかというところです。それもこれから解明されていくでしょう。このように、人間の意欲というものがいろいろな病気などから解明されつつあるということを今回はご紹介しました。

第6講義

遺伝子が操る行動

　ノベルティー・シーキング行動を例にとって、性格・行動と遺伝子の関係について学びます。私たちの何気ない行動が、遺伝子と外界からの刺激によって決定されているかもしれないという新しい考え方は、結構、学生には受けました。もちろん、本当かどうかの証明が今後の問題ですが、一年生に新しい考え方を植え付けるにはよい題材だと思いました。

第6講義は私たち人間の行動の話をしたいのですが、行動というのはなかなか分子レベルで説明できることが少ないので、今みんなで議論している最中です。

明暗順応と動体視力の関係

ちょっとサイエンスのお話をいたします。なかなか面白い実験があるのでご紹介します。みんなこういう経験がないかな? 暗いところにいて急に明るいところへ出ると目がパチパチッとなってすぐにものが見えなくて、逆に明るいところから真っ暗なところに入るとすぐに目が見えなくて、ジーっとしてるとだんだん見えてくるようになるという経験がたぶんあると思います。ところが見えるようになるまでが異様に長い人がいるということが明らかになってきたのです。

つまり、明暗の順応がうまくいかない人が世の中にいるということが明らかになってきて、そういう人というのは動体視力と言いますか、ヒュッと動いてる物をなかなか目で追えないということもだんだん明らかになってきました。

その遺伝子がわかったというのです。そんな遺伝子は本当にあるのか、とみんなびっくりしました。その明暗順応に関係する遺伝子は何かというと、眼の細胞膜にあるタンパク質だったのです。これはありうる話かもしれません。私たちは光が入ってくるとその光をロドプシンという分子が受け取って見ているわけですが、遺伝子異常があったのはロドプシンではなく、実はロドプシンにくっついているタンパク質に、さらにくっついているタンパク質だったのです。

光が入ってくるといくつもの反応で視神経に辿り着くのですが、この遺伝子に異常があると、反応の一過程がおかしくなり明暗順応ができないという発見がありました。体の中ではいろいろなタンパク質がくっついているのですが、そのくっついているうちのたった一個がおかしくなってもこういうことが起こるという非常に素晴らしい発見がなされたのです。

ところがもっとびっくりした発見がありました。明暗順応ができない家系が五つあったのですが、そのうち四つの家系は今お話しした遺伝子が異常であるとわかりました。では、残り一つの家系の原因はどこの遺伝子であろうか？　実は他の四つの家系の原因となっているタンパク質（ロドプシンにくっついているタンパク質に、さらにくっついているタンパク質）には、さらにくっついているタンパク質があり、調べてみると残り一つの家系ではこのタンパク質が異常であることがわかってきたのです。つまり、体の中で複合体を作っているタンパク質のうち、どれか一個でも異常があると最終的に明暗順応がおかしくなるということがわかってきたのです。

私たちの体では全部が一つずつで働いているのではなくて、例えば明暗順応の場合はこのような複合体で働いていることがわかりました。この複合体がおかしいと明暗順応もおかしくなるというのは面白いですね。これは、遺伝子が一個わかるとそれによく似た症状の家系の原因遺伝子もわかるという代表的な例で、こういうことはよくあるのです。

いいバッターのメカニズム

この話を聞いて「あっ」と思った方はいますか？　動体視力をみるのに、例えば野球のバッターとかが、ビュッと行く新幹線に書いてある文字を読めるかというのをよくやりますよね。そうすると動体視力のある人はそれを読めて、いいバッターに多いという話が前からあります。そこで、この動体視力ってそもそも何だろう、ということになります。ところが、先程のような発見から動体視力のメカニズムがわかる可能性が出てきました。

そうすると、みなさんの遺伝子を調べてみればその遺伝子がちょっとうまく働く人とそうでない人がいるかもしれなくて、生まれつき動体視力が非常にいい人、悪い人というのがわかるようになる可能性があります。

このように今のゲノム遺伝子の研究というのは、一つわかるとそれによく似た症状や、よく似た病気、関連する症状の原因もわかってくるようになっていて、科学は非常に進歩しているんだという例をご紹介しました。

忘れっぽいハエ

今回は遺伝子と行動のお話をしますが、第一の例としてハエを使った実験をご紹介しましょう。

ハエというのはショウジョウバエのことで、高校の生物の教科書でショウジョウバエの赤眼と白眼は伴性遺伝するという話を聞いたことがある人もいるかと思います。ハエといってても実はかわいいのですが、バナナを入れて飼うのですぐバナナが腐って部屋中が臭くなり、飼うのはなかなか大変です。

このハエを使って面白いことがわかってきました。ハエというのは、行動の実験に使う一番原始的な生物です。このハエを使って、いろいろなもの覚えの実験ができます。例えば二カ所に餌を置いておき、片方の餌の横には赤い色の紙がありハエが来ると電気ショックを与え、もう片方には黄色の紙があり難なく餌を食べられるという実験をします。そうすると、絶対赤い色の紙のところへは近寄らないのです。このような記憶の実験ができる。

ハエは遺伝子が全部わかっていて、ヒトと遺伝子が近いといえば近いので、このハエを使って実験をするという行動の研究が行われました。先程の赤眼と白眼というのは見てわかりますが、同じハエでも左向きにクルクル回るハエがいたり、面白いハエがいっぱいいます。で、この回るハエ同士をかけ合わせるとやはりクルクル回るので、遺伝だろうと考えられるのです。

世の中にはこのような特殊なハエを何種類も持っている研究所があります。そのなかで健忘症（アムネジアと言います）のハエというのがいて、覚えたことをすぐ忘れてしまう頭の悪いハエです。この健忘症患者（アムネジア）のハエの行動を見ると記憶の研究にもなるし、行動の研究にもなります。

そこで、ハエが一番よく覚えるのは匂いですので、匂いの記憶が異常なハエを使って行動を調べてみましょうという研究が行われました。

ハエの行動をじっくり観察すればすぐに異常かどうかがわかるので、研究は非常に楽です。そこで匂いの記憶に異常があったハエの遺伝子を調べてみると、amnという遺伝子がわかりました（遺伝子というのは長い名前をつけるのではなく、最初の三つの文字をとって小文字三文字で書くというだいたいの規則があります）。

ヒトにもある忘れっぽい遺伝子

そうすると次にやることは、amnという遺伝子に似たヒトの遺伝子があるかどうかを調べることです。そうやって見つかったヒトの遺伝子はＰＡＣＡＰと呼ばれているもので、これは脳の細胞膜にあるタンパク質に結合するタンパク質の遺伝でした（図1）。先程もよく似た話が出てきましたが、この細胞膜にあるタンパク質とＰＡＣＡＰは同じ機能をもっている可能性があります。例えば片方の異常ともう片方の異常は同じ表現型を示す可能性が十分にあるのです。

ではその細胞膜にあるタンパク質は何かというと、体の中でＡＴＰという物質からｃＡＭＰ（cyclic AMP）という物質を作る酵素（アデニル酸シクラーゼ）であることがわかりました。この酵素にくっつくＰＡＣＡＰ（ハエではａｍｎ）に異常があると健忘症という、ものを覚えられないハエになります。つまり、アデニル酸シクラーゼという酵素がものを覚えるのに必要である可能性が出てきました。

ｃＡＭＰはＡキナーゼという酵素と結合すると化学反応が体の中でいろいろ起こります（図1）。つまり、たった一分子のｃＡＭＰができても体の中では続けていろいろな化学反応が起こるという、非常に要となる基本的な分子であるらしく、それを作る酵素がアデニル酸シクラーゼであるということが明らかになってきたのです。

できたｃＡＭＰは、Ａキナーゼを活性化していろいろ化学反応を進めると不要になります。あまりいろいろな反応が体の中で起こってしまうと困るので、できあがったｃＡＭＰ

図１　ハエの健忘症

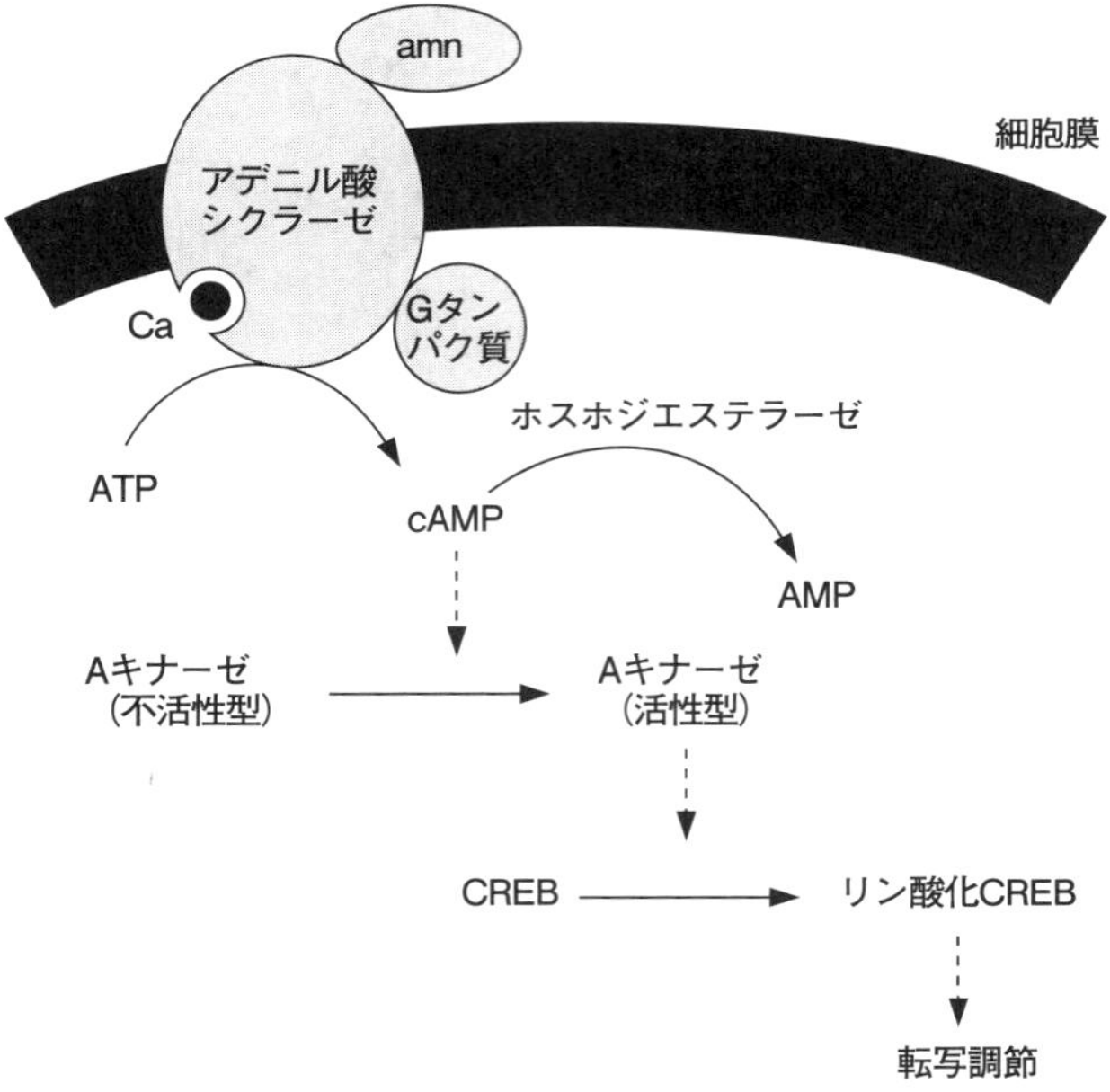

アムネジアック（健忘症の、amn）はアデニル酸シクラーゼを活性化するタンパク質である。

はすぐに分解されてしまいます。これは競争でして、分解されるほうが速いか、Aキナーゼにくっついて反応を起こすほうが速いかという天秤みたいになっているのです。これを分解する酵素がホスホジエステラーゼです。

このような仕組みが体の中にあるのですが、その反応の一番最初にあるものがおかしいと記憶ができない、ということがわかったわけです。

お酒に弱いハエ

このａｍｎがわかってからまた何年か経ってしまいました。今度は別の研究室から全く別のとんでもない研究が出てきました。それはお酒に対する感受性の研究です。

研究者というのはお酒に強いか弱いかということに非常に興味をもっていて、酒の強さがどのように決まるかは、昔からどの研究者も知りたいことでした。ある研究者がこれをハエで調べてみました。

では、お酒に強いハエかお酒に弱いハエか、どうやって調べたらいいと思います？　一匹一匹のハエにスポイトで酒を飲ませる！　無理ですね。そんなことはできません。私の研究室の学生がネズミにある薬を飲ませているのですが、その薬は苦くてネズミは嫌がって飲まないのです。「あーんしなさい」とやっても美味しくないと口を開けません。それでも無理矢理こじ開けてスポイトで入れるとたらーっと出てきてしまいます。だからネズミに一定量のものを食べさせるのはすごく難しいのです。

そこで考えた人は偉いのですが、図2のような筒を作った。この筒の中にハエを充満させて、アルコールの蒸気を入れたのです。

アルコールは二〇%の蒸気とか一五%の蒸気というのが作れます。みなさんは飲酒運転をしたことはないと思いますが、飲酒運転で捕まるとぷうっと風船を膨らませます。あれで吐く息の中にアルコールが何%入っているか調べているのですが、それと同じようにアルコールの蒸気を入れます。そうすると筒の中でハエは壁にくっつかないように飛ぶのですが、疲れてくるとストンって下に落ちてくるのです。

お酒に強いハエはずっと飛んでいますが、お酒に弱いハエはある一定時間が経つとトンって落ちてくるので、

図2 ハエを入れた筒

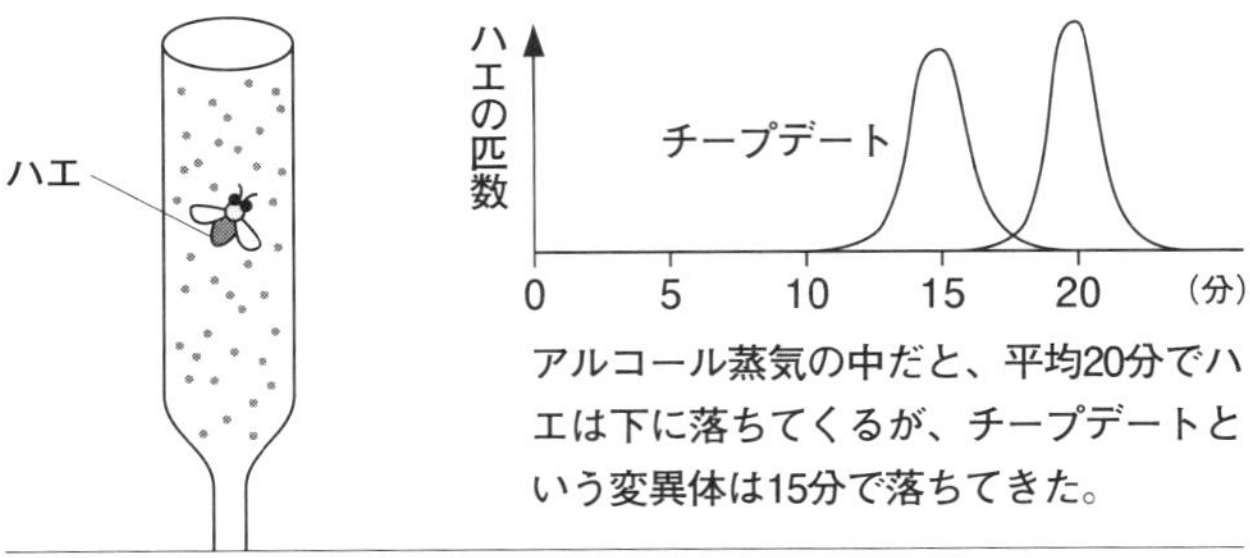

アルコール蒸気の中だと、平均20分でハエは下に落ちてくるが、チープデートという変異体は15分で落ちてきた。

何分間で何匹落ちてきたかで定量的な解析ができます。一五分で何％落ちた、二〇分で何％落ちてきたというように、一分おきに落ちてきたハエをカウントしました。そうすると、普通のハエはだいたい平均二〇分で落ちてきますが、早く落ちてきたハエをかけ合わせていくと、一五分あたりで落ちてくる傾向にあるハエを作ることができました（図2）。お酒に弱いハエとお酒に強いハエのグループができました。

この研究室ではお酒に弱いハエに「チープデート」という名前をつけました。これは安上がりのデートという意味です。ちょっとのお酒ですぐに酔っぱらってお金をあまり使わなくて済むということでチープデートという名前がつけられています。このようなちゃんとした系統ができると、どこの遺伝子がおかしいのかということを調べることができます。

もの覚えとお酒の関係

実はこのチープデートの原因遺伝子はａｍｎであることがわかりました。これはどういうことかというと、ａｍｎの遺伝子配列のうち、あるところに変異があるとチープデートになり、別のところに変異があるとアムネジアックになるというわけです（図3）。すなわち、一つの遺伝子の別々の遺伝子変異でチープデートとアムネジアックができたということが明らかになりました。

そうすると、ハエでは「もの覚えが悪いものはお酒にも弱い」という可能性もありますので、ヒトではどうなのかということを調べてみたくなりますね。つまり、ヒトのPACAPの遺伝子を調べてお酒に強いか弱いかと対比すれば、ヒトでもお酒ともの覚えの関係がわかるかもしれません。なぜなら、ハエで見つかったこのことからヒトでも知能との関係が明らかになるかもしれないからです。このお酒に対する耐性の話と記憶の異常の話が一緒になったので面白いことになってきました。

私が今回話をしたいもう一つのことは、記憶異常のことです。

記憶がうまくいかないハエというのは昔から見つかっていて、ルタバガという有名な系統のハエは記憶力が非常に悪いことが知られています。今までの研究から、このルタバガもひょっとしてamnが関係する化学反応と同じかもしれないということが推測されました。そこで、ルタバガのハエの遺伝子解析が行われました。すると実は、ルタバガはアデニル酸シクラーゼそのものだったのです。

もう一つ、DCOというハエも記憶があまりよくできないことが前からわかっていて、ひょっとしてこれも同じ反応系が原因かもしれない、ということで調べてみました。すると、DCOはAキナーゼだったのです。

今までに記憶ができないというハエが三つ（amnとルタバガとDCO）見つかってい

て、その原因遺伝子産物は一つの化学連鎖反応のなかの非常に隣接したところにあることが明らかになりました。

後でわかったのですが、これらのハエも酒に弱いということが明らかになり、「記憶ができない＝お酒に弱い」という関係が少なくともハエでははっきりしてきました。つまり、記憶ができないということとお酒に弱いというメカニズムは、全く同一の化学反応を経由していることが明らかになってきたのです。

先程の明暗順応の話ではタンパク質が一緒になっていてそのなかのどれか一個でも異常があるとおかしくなるという話でしたね。今の話は、いろいろな化学反応を司るタンパク質のどれかがおかしくてもみんな同じ表現型を呈するというお話です。わかりますか。記憶の話がお酒に対する感受性の話に非常にきれいに結びついたわけです。

そうすると、お酒に強かったり弱かったりするのはな

図3　アムネジアックとチープデートの違い

アムネジアックとチープデートでは、同じ遺伝子の中の異なる場所に変異がある。

ぜか。私たち人間でも同じ遺伝子を調べればわかる可能性が出てきたのですが、残念ながら日本ではあまり行われていません。今、欧米ではこれらの遺伝子が調べられています。つまり、人間がお酒に強い弱いということがたった一個の分子で説明できるかもしれないのです。研究する題材としては非常に面白いですね。このハエという動物を使うと意外と面白いことができるとおわかりいただけたでしょうか。

人間の行動パターン

さて、人間の行動といってもいろいろな行動があって、それと遺伝子とのかかわりというのは一個ずつ話していくときりがありませんが、同じような話がまだ二、三ありますのでちょっとご紹介したいと思います。

遺伝子が全部で二万五〇〇〇個あるうち、一般にどんな人の行動もだいたい一〇〇個以下の遺伝子で規定されているのではないかという推測がなされています。二万五〇〇〇個の遺伝子を全部調べるのは大変ですが、みなさんからDNAをもらって一〇〇個の遺伝子を調べるというのはできなくはない仕事です。そうすると、みなさんの行動パターンというのも将来は予測できる可能性があるわけです。

そこで、行動の一番有名な話についてこれからご紹介いたしますね。人間の行動のうち遺伝子で決まっているものはどういうものかというと、これは心理学の教科書に書いてあると思いますが、今までの学会では二通りの分け方が非常に有名です。一つはクロニンジャーという人が調べた方法です。もう一つはコスタという人が調べた人間の行動パターンで、どちらが正しいとするかは教科書によって違います（図4）。

クロニンジャーが言う、遺伝的に決まってる可能性が高い行動パターンの一つはノベルティー・シーキング（Novelty Seeking）です。これは新奇探求行動というもので、何か新しいものがあるとすぐにそれをやりたがるというものです。もう一つは損害回避（ハーム・アボイダンス、Harm Avoidance）と呼ばれているもので、何か嫌なことがあるとそれを回避する、すなわち神経質の指標になるわけですが、これも遺伝的に決まっている可能性が高いと言っています。その他には報酬応答行動（リワード・ディペンデンス、Reward Dependence）や固

図4 性格の分類

クロニンジャー	コスタ、マックレー
Novelty Seeking（新奇探求行動）	Neuroticism（神経質）
Harm Avoidance（損害回避）	Extraversion（外向性）
Reward Dependence（報酬応答行動）	Openness（開拓性）
Persistence（固執）	Agreeableness（愛想の良さ）
	Conscientiousness（誠実さ）

執（パーシステンス、Persistence）があり、この四つが遺伝的なものであろうとクロニンジャーは考えました。

ところがコスタはそうではなくて、NEOと呼ばれている全部で五つの人間の行動の指標があり、この五つの指標が遺伝的に決まっているのではないかと考えました。コスタが挙げたNEOのうち、Nというのは神経質（ニューロティシズム、Neuroticism）、Eは外向性（エキストラバーシャン、Extraversion：エキストロバーシャンとも呼ばれます）、あとOの開拓性（オープンネス、Openness：開けっぴろげ）を意味します。それにアグリアブルネス（Agreeableness）とコンシエンシャスネス（Conscientiousness）が加わって五つです。アグリアブルネスはどう言ったらいいでしょうね？　愛想の良さかなあ。確かに愛想の良さって遺伝するような気がしますね。最後のコンシエンシャスネスは誠実さですね。

コスタの分類ではこの五つが人間の行動の一番基本になるもので、それぞれについて数十個の遺伝子が規定しているのではないか、と言っています。これらについてもうちょっと詳しく勉強していきます。

人間の話になると急に話が難しくなって、さっきのハエで遺伝子が見つかったようにはいかないので、これらの行動のうち一番実験のしやすいものは何かということになります。そこで、今まで一番研究が盛んに行われてきたというのが、この何か新しいものがあったらすぐに飛びつくというノベルティー・シーキングと、何かスリルのあるものを好むスリル・シーキングという行動です。

このスリル・シーキングでは、例えば、バンジージャンプをやりたいというタイプの人間と絶対嫌だっていうタイプの人間がいたり、高度三〇〇〇メートルからパラシュートで飛び降りたいという人も、もう一〇〇万円あげると言われても嫌だっていう人が世の中にはいると思います。そういうのがどうも遺伝的に決まっているらしいのです。

このようなノベルティー・シーキング、スリル・シーキングとこれからお話しするリスクセンス(自分が危ないと思うリスクの閾値)がどうも相関しているというのが、最近の遺伝子の研究からわかってきました。それについて詳しくお話ししていくことにしましょう。

それでは、よく言えば新奇探求性、悪く言えば無鉄砲というノベルティー・シーキングを例にとって、こういうものが遺伝的に決まっているかどうかについて少し深く勉強していきます。ヒトの行動の研究が難しいことはやっぱりみんなわかっていて、心理学では分類してお終いになってしまうのですが、それでは面白くないので、科学でどれくらい追えるかをこれからお話ししたいわけです。

ノベルティー・シーキングの一番いい例として、みんなで遠足へ行ったときによくあることですが、ちょっと登ってみるにはつらいような山が見えたとき、アッと思った途端にタタタって走っていって上まで登り、みんなに「おーい！」って言うようなタイプの人間は必ずいますよね。そのとき、下にいて「おいおいそんなところに行ったら危ないぞ」というタイプの人間と、必ず上に行って手を振りたがる人間というのがいるはずです。で、上に登るほうがノベルティー・シーキングは高い、下のほうにいるのはノベルティー・シーキングが低いという代表例になります。

このように無鉄砲で向こう見ずな行動は、「一目置かれたい」という行動と一致しています。何か危険を冒すと、その人は他の人よりも「一段上にみられる」という行動になり、失敗すれば「若気の至り」であると言われ、歳をとってからやると「馬鹿である」なんて言われる行動ですよね。

こういう行動はなぜ研究として面白いかというと、絶対こういうことをやらない人とやる人とうまく二つに分かれるからです。アンケートを取ると必ず分かれていて、しかもそれが大学生になると急に変わるということがありません。このような行動をとる人間というのは五歳のときからそうなのです。小さいときの写真を見て、他の子を蹴散らして自分だけが目立っている人というのは大学に入っても同じようなことをやっています。そこで、そういう人間というのはどこで決まっているのだろうというわけです。

無鉄砲が生き残ったわけ

ここで、このような行動が遺伝で決まっているとすると、そういう行動をする人間というのはなぜ進化的に保存されてきたと思います？　何か利点があるから今まで生き残ってきたはずです。普通は慎重なタイプのほうが生き残るはずです。何で無鉄砲な人が生き残ってきたのだと思います？　その答えはすでに教科書に載っているのですが、集団で行動するためには必ずリーダーが必要だからなのです。リーダーというのは一番先頭に立って、動物に食われやすいかもしれないですが餌をとる確率も高いので、生き残ってきたのです。

このようなノベルティー・シーキングというのは、農耕生活にはあまり必須ではありませんが、狩猟には必須であるということです。ところが面白いことに、現代は安定集団で、こんなことをしなくても生活できるわけです。そうすると、二〇世紀に入って、ノベルティー・シーキングの人が淘汰されたかというと、されていませんね。そのことについて私が見た教科書には、このノベルティー・シーキングの人は現在どういう人間として残っているかというと、本当かどうかは知らないけれど、探険家、または兵士として残っていると書いてありました。確かにそうかもしれないですね。

逆に一番ノベルティー・シーキングじゃない人は、現在宗教家か医者になっていると書いてありました。考え方の違いはあるかと思いますが、面白い考え方だと思います。たぶんこれは心理学か何かのアンケートで調べた結果だと思うので、ある意味では面白い結果です。

無鉄砲な人の共通性

でも本当は、ノベルティー・シーキングのタイプと、そうではないタイプの遺伝子型がわかればいいのですが、現在のＤＮＡの技術ではこの二つのグループの遺伝子の差はなかなか見つかりません。そこで、このノベルティー・シーキングを起こす行動に何が関係していて何を調べたらいいのかということが問題になってきます。

ちょうど一九五〇年頃、アイゼンクという非常に有名なドイツの心理学者は、どうも外向性という指標が、ノベルティー・シーキングとかなり相関がある、つまりノベルティー・シーキングが高い人は外向性が高いと言っています。でも外向性の遺伝子がわかったかというと、まだ皆目わかっていません。

ところが一九六〇年代、歴史上もうちょっと面白いことが出てきまして、強い興奮を求めるノベルティー・シーキングの人というのは危険なスポーツをしたがるというのです。また、戦争に志願しやすいとも言われ、先程、現在では探険家や兵士になると言いましたが、あながち現在だけではなくて昔から言われていることのようです。あとはギャンブルをしやすいとか、タバコ、ドラッグに手を出しやすい、非常に速いスピードを出す乗り物が好きであるなど、そういうことがもう一九六〇年代から言われていて、これらには非常に強い相関がある。

要するに、ノベルティー・シーキングという指標を、外向性だけではなくて、心理的なアンケートによっても調べることができそうだということが一九六〇年代になって明らかになってきました。ところが、ここから三〇年くらいは全く研究が進まずに、どの心理学の参考書にもこの辺りまでしか書いていないのですが、一九九六年になってノベルティー・シーキングはどうもドーパミン関連遺伝子と相関するのではないかという研究がなされるようになりました。第5講義でも言いましたが、ドーパミンというのは人間の意欲に関係する物質です。また、タバコが止められないとか覚醒剤が止められないという常習行動にも関係があります。

最近の研究では、ネズミの脳に電極を差し込んで、ネズミが何をしたときドーパミンが増えるかを調べてみたら、「これをやると餌がもらえる」という報酬の予想（報酬予想）をすると脳の中でドーパミンが増えるということがわかってきました。つまり、私たちの脳の中では何かいいことを期待したときドーパミンが増えるのではないかということが考えられます。

もう一つはドーパミンニューロンというドーパミンを分泌する神経細胞がありますが、何かを期待したときだけピュッとドーパミンを分泌することがわかりました。つまり脳の中のいろいろな物質の中でドーパミンという物質は、ノベルティー・シーキングに一番関連が深いということがいろいろな状況から推測できるようになってきたので、じゃあドーパミンを調べればいいのではないかということになりました。

ドーパミン受容体の個人差

もう一度ドーパミンの話を復習しますと、ドーパミンというのは神経細胞の末端に蓄えられていて、電気刺激があると神経末端から分泌されます。分泌されたドーパミンは次の神経の細胞膜上にある受容体というのにくっつきます。ところがヒトの場合、受容体はD1からD5まで五種類の受容体が脳にあります。さらにドーパミン関係として、第5講義でもお話ししたと思いますが、トランスポーターという分子があって、このトランスポーターからドーパミンが回収され、出たドーパミンが元へ戻っていきます。

コカインとかアンフェタミンという覚醒剤、また多動障害の子どもの薬もこのトランスポーターにくっつきます。覚醒剤依存症の人や、非常に行動が速くなったりイライラしたりする多動障害というのはどうもトランスポーターに原因があるらしい。一方、統合失調症の薬はドーパミン受容体に働くというので、この受容体もヒトの行動に非常に重要な働きをしているらしいとなっています。

実はヒトのドーパミン受容体Ｄ１からＤ５までの五種類のうち、統合失調症の患者に効く薬（クロロプロマジンやクロザピン）はＤ２とＤ４の受容体に働きます。つまり、なかなか理論だった行動を取れないという人は、Ｄ２かＤ４に問題があるのではないかということが今までわかっていて、この辺りのドーパミンの分子を調べればひょっとして遺伝的に差があって、病気にはならない程度のほんのちょっとの差がノベルティー・シーキングに関係しているのではないかという話にだんだんなってきたのです。

だから、このドーパミン関連遺伝子で世間の人はまず、「受容体のＤ２とＤ４を調べよう」「トランスポーターを調べよう」とノベルティー・シーキングのターゲットを調べる競争が始まったわけです。

一九九六年になって結果的に、ドーパミン受容体Ｄ４が怪しいということになりました。

なぜならトランスポーターも受容体D２も個人差がほとんどなかったのです。ところが、受容体D４だけは遺伝子に多型という個人差があるということがわかりました。

遺伝子は全部に個人差があるのではなく、みんな全く同じという遺伝子もあるし、人によって違う遺伝子もあるのですが、受容体D４には多型が（個人差が）ありました。そこで、受容体D４をしっかり調べてみればいいのではないかということになったわけです。

受容体D４の遺伝子は人によってどこが違うかというと、長さが違うということが明らかになり、残りの部分はみな同じなのですが、人によって遺伝子の途中に同じものが二回続いている人、四回続いている人、七回続いている人と、三種類の型があることが明らかになってきました（図5）。

ドーパミン受容体と新奇探求性

一九九六年、イスラエルとアメリカで、受容体D４のどれか一本でも（遺伝子というのは必ず二本あります）七回繰り返しがあるとノベルティー・シーキングが高いということが発表されました。この受容体D４が、ノベルティー・シーキングと相関があるらしいというのです。

そこで、実際日本人で調べてみたところ少なくとも東大生では七回繰り返しがゼロでした（一九九八年）。その当時一〇〇人以上調べて、東大生はノベルティー・シーキングが低いという結論になったのです。逆に言うと、東大生は石橋を叩いて渡るような性格だということがわかったのです。

　さらに早稲田大学と立教大学で調べてみても同じで、日本中でもノベルティー・シーキングの指標である七回繰り返しがほとんどないということがわかりました。慶應義塾大学の先生が発表した、慶應義塾大学病院の看護師二〇〇人近くを調べた結果もそうでした。

　このことを発表したら、「だから日本人は新奇探求ができなくてノーベル賞を受賞できないんじゃないか」とアメリカの人が言い始めたのです。国民性がそこに出ているとか、人間の能力など、つまらない話になってしまったのですが、今ではそういう人間の能力とは無関係で、日本人はたまたま二回繰り返しと四回繰り返ししかないということになっています。

図5　ドーパミンD4遺伝子の個人差

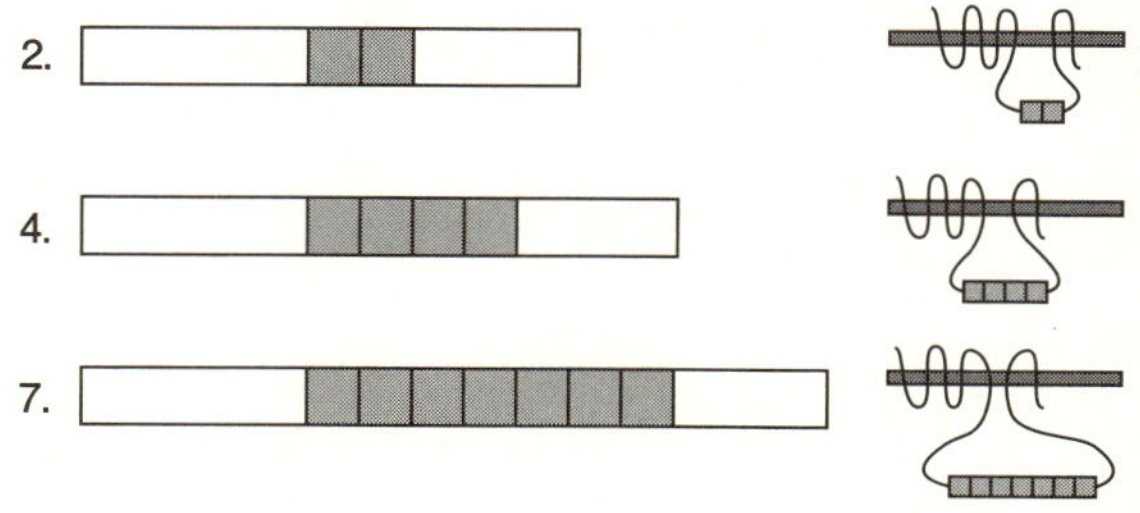

また私が調べた東大生の結果では、この四回繰り返しをもっている人のほうが二回繰り返しよりもノベルティー・シーキングが高い傾向があります。どうも繰り返し数の多い順番になっているのではないかなということに現在はなっています。

このドーパミン受容体D４は細胞膜にあるタンパク質で、細胞の中でｃＡＭＰというのを作ります。つまり受容体にドーパミンがくっつくとｃＡＭＰができます。ところが、ｃＡＭＰを作る量は二回繰り返しの人が一番多いということがわかりました。四回繰り返し、七回繰り返しになると、ｃＡＭＰの量が非常に少なくなっていくということが明らかになってきたのです。

これは、遺伝子の構造が違うから、そこからできたタンパク質の構造も違い、したがって機能も違うわけです。二回繰り返しの人はほんのちょっとドーパミンが受容体に結合してもｃＡＭＰができますが、七回繰り返しの人はドーパミンから何度も何度も刺激が来ないとｃＡＭＰの量が普通にならないらしいのです。

だから、七回繰り返しの人は刺激を求めるのではないか、と現在は考えられています。つまり七回繰り返しの人は、遺伝子の機能が悪いのです。だから刺激を求めないと二回繰り返しのように働かないのではないかということがわかって、要するにノベルティー・シーキングをタンパク質の機能によって説明がされているという段階です。

でもこれは一〇〇％説明できるというわけではなく、一つの説としてぐらいに考えられているのですが、本当かどうかについてはまだ議論になっています。

この話を聞いて、何か怪しいなあと思われる方がいると思います。こういうことはたった一個の遺伝子で決まるとは到底思えなくて、実際は一〇個から一〇〇個の遺伝子で決まっているのですが、そのうち一番影響が大きいのはこのドーパミン受容体ではないかというのが現在の考え方です。

リスクの感受性に遺伝子は関与するか

ここで、一番大事な話を覚えておいてください。どうやら、リスクに対する感受性は、生まれつき人によって違うようです。

これはみなさん認めてくれるでしょうか？　崖のそばに立っている人を見ても、危ないと思う人と、思わない人がどうやらいるらしい。はっきりとはしてないのですが、小さいときから例えば自転車でビューンと坂を下りる子どもとそうじゃない子どもがいますが、それは危険に対する感受性が違うのではないかと考えられるわけです。

だから逆に言うと、危険かどうかなんて人によって感じ方が違うのではないかというのが私の考え方で、イラクに行って危ないと思う人と全然危なくないと思う人がどうもいるのではないかと思うのです。そう思いません？　たぶん危ないだろうとは思いますが、その閾値がどうも違うのではないでしょうか。リスクに対する感受性というのはどうも生来のものである可能性が高いということが、遺伝子の研究から少しずつ明らかになってきました。

この一番大きな論拠として、リスクに対する感受性にははっきり性差が現れるということが明らかになってきました。男と女とどっちが危険を冒しやすいか、危険を嫌うかというテストをすると、女性は危険を嫌うということがはっきりわかってきました。例えば、女性は家族に対するリスクを非常に嫌うということがわかっています。

そうすると、自民党はイラクに兵を派遣すると言っていて、民主党は派遣するのはやめろと言っていましたが、例えばですが、民主党の人が自分の意見を通したいときには世の中の女性に向かって「あなたの夫が戦争に行くとどうなると思います？」と質問すればいいのです。そうすると戦争は嫌だなということになります。これが誘導尋問のうまいやり方ですよね。

逆に、例えば自民党の人が「今行かなきゃどうなる。世界中のバランスが崩れてしまうぞ」と言うと、男はそうかもしれないなと思うかもしれません。言い方ですよね。家族に対するリスクを嫌うというのはいろいろな結果からはっきりと出ているので、例えば女性に向かって言うときには、このように言えばいいということがわかっています。

他にも面白いことがわかっています。女性というのは科学技術をすごく嫌う、もしくは恐れるということもわかっています。何か新しいことがあると、それは恐いものらしい、となる傾向が強い。そうではない人もいますが、非常に警戒心が強いということがわかっていて、新しいものが出てくるとそれになかなか飛びつけないという傾向があります。それはホルモンの影響か遺伝子の影響かはわかりませんが、はっきりと性差が現れます。

リスクに対する感覚というのは男女で違うということがわかってきたので、もし遺伝子が違えば男性においても女性においても、リスクに対する感覚は違うのではないかという考え方が出てくるわけです。

また、みなさんふんふんと思っていただければいいのですが、例えばノベルティー・シーキングが高い人に共通の面白い性質があることもわかっています。

みなさんは心の中で自分がノベルティー・シーキングが高いか低いかなんとなくわかっていますよね。そこで、一般にノベルティー・シーキングが高い人というのは何でも平等視する傾向があって、エリート嫌いです。また、今までの経験によると、非常に環境問題に関心が深いということも明らかです。有意に差があるということは何か面白いよね。

ノベルティー・シーキングが高くて「俺が一番になるんだ」というタイプの人間に限っ

て、人間は平等であるなんてことを言いたがるということがわかっているのです。私は面白い話だと思います。

年齢も関係していて、歳をとればとるほど新しい科学技術に対して非常に嫌悪感、警戒心をもつということがわかっています。だからこのリスクという考え方は、一概には説明できません。遺伝子が、人間の「リスクに対する感覚」にどれくらい関与しているかという話、確かに怪しい話ではありますが、いろいろな可能性を全部考慮に入れないと、説明できないのではないかなあというのが今の考え方になります。

人種差別の無意味さ

これはみんな時間があるときに考えてほしいのですが、例えば人種差別という話があるよね。人は生まれによって差別してはいけない、これは全く当然の考え方なのです。でも、例えば韓国の人と日本の人を比べると、なんとなく「何か違いがあるんじゃないかなあ」と考えたりしがちです。

そこで真面目に考えると、人種って何で決まっています？　人種の定義を書けといったら何？

遺伝子を調べると、日本人と韓国人はほとんど均一です。九〇％くらいは同じです。日本人のバリエーションだってその程度はありますから、遺伝子の違いではないのです。とすると、人種というのは、言語つまり文化と外見ですよね。これだけしかありません。文化なんて生まれたところによって違います。また、外見は何個の遺伝子で決まっているかというと、肌の色は三個か四個の遺伝子で、背の高さも数個の遺伝子で、全部でせいぜい一〇個くらいの遺伝子で決まっています。

要するに、たった一〇個程度の遺伝子のバリエーションをわれわれは人種と言っているのです。そうすると、人種差別なんていうのは全く無意味な概念になります。

それで非常に面白いことは、外見の遺伝子というのは非常に変わりやすいのです。なぜかというと、外見の遺伝子というのが一番自然選択がかかりやすいからです。例えば足がすらっとしたのが格好いいとなると、そういう足のすらっとした人同士が結婚して、そういう子どもがたくさん生まれるわけです。そうでしょ。ちょっと褐色の肌がいいとなるとその人たちが集まるわけです。外見の遺伝子というのはこのように自然選択がかかりやすいのです。

実は、本当の人種というのは地域、ルーツがどこかということが一番大事なのです。先祖はどこの人かというのが、これが一番遺伝的に決まっているのです。本当の人種というのはその地域特異的遺伝子を調べなければいけないのですが、今これは全く無視されています。

文化なんてものは生まれたところで変わりうるものですし、今現在はほんの数個の遺伝子、しかも非常に自然選択がかかりやすい無意味な外見の遺伝子でしか人種というものは判断されていないのですよ。それはつまらない概念です。例えばリスクに対するセンスとか、人種というものの考え方とか、今「変だな」と思うことはいっぱいありますが、そういうことをもう一度考え直さなければいけない時代がきています。

特に人種については、遺伝子のことがわかってからはもう全然概念が違ってきて、みなさん人種を調べたいんだったら、みなさんの先祖は北海道から来たのか、沖縄から来たのかということを調べなければいけません。そういうことが一番大事な人種の判定の仕方なのですが、全くないがしろにされている問題なのです[注]。

今、文系と理系が合わさって融合した学問というのは、パラダイムがだんだんと変わってきています。外見が数個の遺伝子で決まり、しかも自然選択がかかりやすくて肌の色なんて数代で全く変わってしまうということもわかってきました。そうすると、肌の色が白いとか黒いというのは全く無意味な概念であって、人種というのは後天的に私たちが作った概念ですが、そういうものでいいか悪いかなんて判断すること自体が無意味であるということが明らかになってきました。

人間の行動ももちろん同じで、この人間の行動の研究というのは非常に難しいのですが、なんかそこで、ある軸を抽出して遺伝子と相関がないかということをみんな一生懸命調べているような段階です。

一番言いたかったこと

この講義も終わりが近づいてきましたので、少しずつ話をまとめていかなければなりません。

私が一番言いたいのは、例えば知能は何で決まっているとか、ドーパミンは意欲を決めているとか、セロトニンは人間の性質を決めているとかいう話を今までしましたが、決してそれらは遺伝子一つで決まっていることではないということはみなさん十分に承知していると思います。いくつもの要因があります。ですが、そのうち一つでも科学的な因果関係がわかれば、そこから話がいろいろほぐれていくもので、そのわかった最先端の話というのを今まで一回ずつ話していたのです。

注　自然選択がかかりやすいのはエキソン部分であり、実はルーツを探るにはイントロンまたはジャンク部分の中立の変異を用いることが推奨されている。

例えば記憶についても、グルタミン酸受容体の一つＮＭＤＡ型受容体をいっぱい作らせると賢いネズミができるという話をしましたね。この話と今回のハエの記憶、アムネジアックの話は両方とも記憶力のいい生物を作るという話なのですが、全然メカニズムが違います。ということは、ものを覚えられないというのも同じですが、ものを覚えるというメカニズムは全く違うメカニズムがいっぱいあるはずなのです。そのうち、一番よくわかっている話を二つみなさんにご紹介しているだけで、まだわからない話はいっぱいあるはずです。

しかし、私たちが知りたいことを調べるとき、その方法はこれを調べたらどうか、これを調べたらどうか、と順番にやるしかありません。これにくっついてるもの、これにくっついてるもの、と順番に調べて、その複合体のどれかが、例えばヒトの外向性と内向性に関係があるのかどうかというのを順番に調べていくしかないので、方法論としては、一つわかってきたことからその先を行くという方法を取らざるをえないのです。

だから、記憶はこの経路だけということは絶対にない。人間の気質とかリスクセンスもみんなそうです。ですが、手がかりがどこかにないかと調べ、一つわかるとそれを手がかりにして何でも引っぱり出すぞ、というのが私たち科学者の今やっている方法論です、ということをおわかりいただくと非常にありがたいと思います。

第7講義

事件で考える生命倫理

　倫理というのは、時代と文化によって変わりうるということを学生たちにしっかり教えることが目的です。しかも自分のもっている遺伝子に善し悪しはないということを、頭に叩き込みました。

　生命を勉強せずに生命倫理（バイオエシックス）を唱える似非学者、ただ報道を垂れ流すマスコミ、これらの情報に埋もれずに判断するには、自分が勉強するしかないことを、しつこく教えました。

第7講義の今回は遺伝子倫理の話をします。ですが、私は倫理の専門家ではない注ので、主に遺伝子のことについてお話をいたします。

ところで文系の人が言う人権と、われわれ理系の人が言う人権の考え方というのは少し違います。この遺伝子倫理についても、同じように考え方がいろいろ違います。どんな問題があるかということを、少し例を挙げてご紹介いたします。

倫理といっても大したことはなくて、一九七八年に生命倫理という考え方が出てきたばかりです。だから、生命倫理自体のちゃんとした骨組みみたいなものはほとんどないのです。生命倫理とは何か、遺伝子倫理とは何か、と言われてもよくわからないというような状況が今続いています。そういうなかでやはり問題になるのは、事件が起こったらどう対処するかということです。

今回は実際起こった事件を三つか四つみなさんにご紹介して、これから何が問題になりそうかということを考えていただきたいと思います。

成長ホルモンが癌の発病率を上げるという報道

まずは事件1です。この事件は典型的な事件でして、ある報道で「成長ホルモンが、癌の発病率を上げる」ということが言われました。

成長ホルモンというのを背の低い小人症の人（今では一二〇センチ以下とだいたい規定があります）に打つと、一年くらいで一〇センチくらい伸びて普通の身長になるので、世界中で成長ホルモンは非常に多く使われています。ところが、成長ホルモンで癌ができるということで、大問題になりました。そこで次のようなことが発表されました。

一九五九年から一九八五年にかけて、実際一八四八人の小人症の人に成長ホルモンが投与された。投与した数年後、癌の発病率が増加した

これは事実です。また投与した人の死亡率も二〇〇〇年まで調べました。これらの総合的な判断から、死亡率にはあまり変化はないが、癌発病率は有意に増加していて、特に大腸癌とホジキンリンパ腫という特殊な癌が非常に多かったと発表されました。

新聞はこれを発表したのですが、新聞というのは新聞記者がある程度責任をもって書い

注 しかし、一九八〇年代のはじめから、難病での遺伝子診断など、実際上のことは身近に接してきたので、一〇年前あたりからこの分野に入ってきた倫理屋（文系の人）のみなさんより実例には詳しい。

ているので、どういう人が新聞記者にいるかによって全然論調が違います。私のところに来る新聞記者から話を聞くと、全員で議論して新聞に書くということは滅多になくて、こういう事件だと一人か二人に任されるということでした。そして新聞では、有名な先生のコメントと共に「これは危ない」なんてよく載りますね。このとき、例えば新聞記者が知っている先生に電話をかけて、「これ、先生、危ないですよね？」なんて新聞記者が言って、「うん、そうだ」と一言答えると、何とか教授の話ということで、この先生がいろいろ言ったように五行も六行も書くといったことがよくあります。

ここで問題となったのは、この報道と同時に、責任論を展開したものがあったことです。その事件がどのように起こったかあまり細かく聞かないで、「この成長ホルモンを小人症の人たちに使うこと自体がいけないんじゃないか。誰の責任だ。誰がこれを許可したか」という責任論を展開したのです。ただ癌発病率が増加したという話だけで、きちっとしたデータも提供されていません。

しかし、これを読んだ人は、理論的には話は合っていると考えました。というのは、そもそも成長ホルモンというのは体の細胞分裂を促進するので、背が伸びるのは骨が細胞分裂するからということになります。一方癌は細胞分裂が止まらなくなる病気なので、細胞分裂が促進されれば癌になりやすいだろうと推論できます。だからみんな納得したのです。

今から話すのは冗談ですが、背が高い人のほうが癌になりやすいという話があります。どうしてかというと、背の高い人のほうが細胞の数が多い。普通の人は六〇兆個の細胞でできているけれど、背が二メートルくらいある人は細胞が一〇〇兆個くらいでできている。どっちが癌になりやすいかというと、背の高い人のほうが一・四倍くらい癌になりやすいということになりそうですよね。癌というのは平均的に突然変異で起こるのだと仮定すると、細胞が多いほうが癌になりやすそうですよね。でもこれは冗談なので背の高い人はがっかりしないでくださいね。

もう少し細かく、成長ホルモンがなぜ癌を引き起こすかというと、ＩＧＦ１という分子の血中濃度を高めるからだと考えられています。ちょっと難しいですが、ＩＧＦ１というのはインスリン様成長因子という物質で非常に有名な物質です。インスリン様成長因子が何をしているかわからなかったら「東京大学教養学部 進学情報センター」のホームページ（http://park.itc.u-tokyo.ac.jp/agc/）をちょっと見てください。私が書いた「石浦博士のオドロキ生命科学」という、面白そうな話をちょこちょこ書いたものがあって、そのなかにこの話が出てきますから。

このインスリン様成長因子という物質は体の中にあって筋肉の成長など、いろいろなことにかかわっています。つまり、成長ホルモンはそれ自体が直接効くのではなく、二次的にこのインスリン様成長因子の血中濃度を高めて、結果的に細胞分裂を促進するのです（図1）。また、細胞が死ぬのを抑えるという抗アポトーシス作用（アポトーシスというのは細胞が死ぬことです）があります。だからこの発表は普通の研究者にとっても当然の話のように聞こえ、一見責任論を言っても全然おかしくない話でした。

これは実は外国の話ですが、この発表が出た時点で小人症の子どもを抱えている親はみんなびっくりしました。しかも新聞では責任論が展開されていたので、すぐに厚生労働省みたいなところに電話がありました。そして「どうしてくれるんだ！　誰がこんなことを認めたんだ！」ということになって、話が大きくなってきたわけです。

報道の落とし穴

ところが、細かいことを知っている専門家はちょっと

図1　成長ホルモンの効果

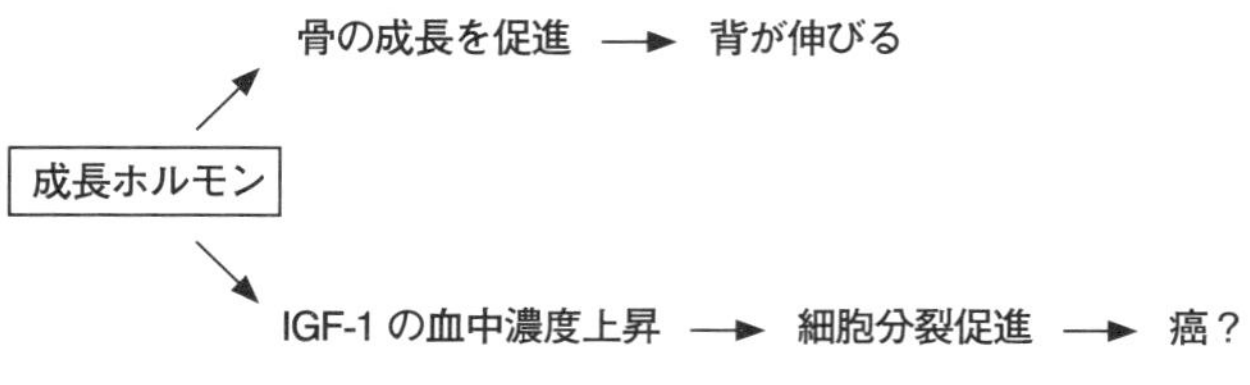

首を傾げました。小人症の治療に使っている成長ホルモンはもう少し違う作用があるということを何となく知っていたのです。

例えば末端肥大症の人（有名なのは亡くなったジャイアント馬場さんですが、足と手が非常に大きい人）は、成長ホルモンの増加が原因であるとわかっています。そして、実は末端肥大症の人は癌のリスクが高いということを専門家は知っています。つまり、成長ホルモンが多くなると、二次的にでも、三次的にでも、とにかく癌のリスクが高くなるのです。

しかし、この報道に関しては基になった論文を詳細に読むと、実はそうではないのではないかということが明らかになってきました。ある意味では誤報みたいであることがわかったのです。

この話は報道で示されていることと事実には食い違いがあって、それはどこから生じたかということをみなさんに知っていただきたいためにしています。実は基になった論文では、非常に例数が少ないということがわかったのです。先程言った大腸癌やホジキンリンパ腫が増えたというのは、実は一八四八人調べたうち大腸癌はたった二例で、ホジキンリンパ腫もたった二例だったのです。

同じ年齢の普通の人はゼロで、それが二人に増えたので悪いということを言っていたのです。でもこの数字は新聞にいっさい出ませんでした。〇例が二例に増えただけで有意に増えたと言えるか、ということが問題になりました。

また、癌というのは普通歳をとって発病するものですが、この小人症の人たちはすべて四五歳以下の人を調べていました。癌のリスクというのは六〇歳を超えないと正確な値がなかなか出てきません。いくら調べても、四五歳以下を調べただけでは本当にそれが癌のリスクと言えるかということです。

このことは後で専門家が指摘したことですが、実際新聞に出た時点では誰もこんなことには気がつきませんでした。つまり、この癌の研究というのは六〇歳を超えた人で調べないと、本当に癌のリスクがあるのかどうかわからないということで、年齢も問題になったのです。

最後に、もう一つ書かなければいけない数字があります。どんな数字を報告すべきでした？　ちゃんと正確に伝えるならば、実際成長ホルモン治療を受けている人が何人いるかということを言わないと、成長ホルモンが原因と言ってはいけません。

成長ホルモン治療を受けている人は小人症の人だけではなく、もっと他の人も成長ホルモン治療を受けているのです。小人症の人一八四八人だけが成長ホルモン治療を受けているのではないのです。実は、一〇万人もの人が成長ホルモン治療を受けています。とんでもない数の人たちが成長ホルモン治療を受けていることがわかりました。

どんな人が成長ホルモン治療を受けていると思います？　こういうことをきちっと調べて、リスクが大きいのは小人症の方ではなくて、別の人であることを正確に伝えないといけません。それが、後で問題になりました。

では、どういう人が成長ホルモンの治療を受けていると思いますか？　これがわかったら偉い。ハゲの人？　違う！　でも見ているところは非常にいい。髪を増やす、なかなかいい考えだけど違います。アトピーの人？　いいとこ見てますね。でもアトピーは成長ホルモンとは関係ありません。成長ホルモンというのは何かを成長させるためにあるので、例えば筋肉をもりもりにしたい人とかを思い浮かべますが、でも実はそうではないのです。

そのほとんどはお金持ちです。お金持ちが何をしようとしているか？　実は歳をとるのを防ぐためなのです。私のように五〇歳を過ぎると歳をとりたくないという人がいまして、成長ホルモンの注射を受けていることがわかってきたのです。小人症の人は病気だから保険診療になりますが、この場合は非常にお金がかかります。

このように、歳をとりたくないというだけで受けている人が圧倒的に多く、問題はもし癌のリスクが大きくなることが本当だったら、この人たちがドキドキする話になるはずであり、対象が全く違うわけです。

正確な情報と的確な判断

みなさんにこの話でぜひ知ってほしいことは、適切な報道というのは非常に大切なことで、この遺伝子倫理を考えるときにある程度ちゃんとした情報がないと、それが正しいかどうかという判断ができないということです。

さらに情報開示を請求できる権利をみなさんはもっていますが、こんなことがあっても普通の人はわかりません。だからある程度の専門家が適切な情報開示を請求しないと、世の中のことが全く闇に包まれてしまうということになりかねないのです。

しかし、ここで問題だったのは情報源ですね。情報の出どころがどこであったかということと、世の中の研究がどのような状況であるかという判断が適切ではなかった。成長ホルモンがどのように使われていて、実際どこに問題があって、成長ホルモンを打つと何が起こるか、ということをきちっと判断してから報道すべきでした。

つまり、情報源を正確に摑むということが非常に大切で、しかもその研究状況を判断するということも大事です。でもこの通りにするのはなかなか難しいことです。だから生命倫理の事件というのは、ほとんど新聞やテレビでしか情報を知ることができませんが、そういうときにどこまで情報を正確にみなさんが把握できるかということが一番の問題になってきます。

もう一つ、時間というのは結構大事です。ある報道があって一週間経つと、その正確なところが何となくわかってくることがあります。サダム・フセインが見つかったとき、どうやって捕まったかなんてその日は全くわかりませんでしたが、時間が経つと状況が何となく摑めてきました。つまり、少し時間をおいてからいろいろな情報をつき合わせてみることも、正確な状況判断としては必要になってきます。

そこで、みなさんが遺伝子倫理の情報をいろいろなところから取り入れたときは、それらが本当に正しいかどうかというのをきちっと判断すべきで、特にこの研究状況の判断というのは専門家の判断が絶対必要です。普通は成長ホルモンとＩＧＦ１の働きの違いなんてわかりませんからね。また先程言ったように、情報開示を請求することが非常に大事です。わからない情報は知らせてくれと自分から言うことが判断するうえで非常に大切になってくるということがこの事件からわかると思います。

結果的にこの事件は「成長ホルモンはやっぱりだめでやめろ」という話になったか、「いや、これは全然情報が間違いである」という話になったかどっちだと思います？

最終的にこれは注意し続けるべきであるという、非常に玉虫色の結論になりました。新聞記者の判断は誤りで報道に有意差はあまりなかったのですが、やっぱり気をつけるに越したことはないので、ある程度注意し続けるべきだということになりました。つまり、成長ホルモンを打つとＩＧＦ１が増えて、ＩＧＦ１が増えすぎるとやっぱり癌になる恐れがあるので、血液中のＩＧＦ１をモニターしながら治療を続ける必要があるということになったのです。

ここで一番大事なのはこういう実験には必ず個人差があるということです。ヒトというのは一般的に遺伝子は非常によく似ていますが、体調がいいとか悪いとか体の状況によって血液中の物質の濃度というのはすごく変わります。だから個人差に気をつけるということが非常に大切で、特にわれわれ研究者は非常にナーバスになっています。もしかしたら「どんな人でもだいたい同じでしょ」とお思いかもしれませんが、人によってずいぶん違うので、その人がどういう状態かということをきちっとモニターしなければなりません。

これはあまり科学的ではないという人がいるかもしれません。普通科学というのは、ある薬を投与するとどれくらい上がるかとか下がるかという平均をとることが大事だとみんな思っているかもしれませんが、実際の臨床では個人差に気をつけるというのが非常に大事です。

今回は一つの例を挙げて、やはり新聞記事だけではまずいだろう、ということをみなさんにわかっていただきたかったのです。例えば厚生労働省の遺伝子に関する倫理委員会などというのは文系の先生半分、理系の先生半分で構成されています。そこで、文系の先生というのは新聞報道しか知らないので「ここが危ない」と言います。こういうことはわれわれにも経験があります。そういう方にきちっと説明して、何が正しいのか、どこを注意しなければいけないのかということを言わないと、いつまで経っても議論は平行線になってしまいます。これが今の生命倫理の一番の問題点になっています。

生命倫理の基本概念

次はこの生命倫理がどのようにして作られてきたかというお話をちょっとだけいたしましょう。

生命倫理が世界中ではじめて認知されたのは一九七八年です。生命倫理で一番有名なのは、患者の自己決定権で、これは生命倫理の中心論理になっています。とにかく自分で決めてもらう。自分で決めるということはどういうことかというと、患者が自分の命はこうだと決めたら他の人は誰も干渉しない、ということです。つまり、リスクは患者自身が負う、というのが生命倫理の根本原理で、これが正しいか間違っているかということは歴史がこれから決めることです。

生命倫理の基本原理
患者の自己決定権
＝
患者がリスクを負うなら干渉しない

とすると、非常に大きな問題が出てきます。生命倫理の基本概念は「他人に迷惑をかけないで全部自分の命は自分で決める」ということです。とすると、例えばタバコを吸う人で「俺の命は俺が決めるんだろ。タバコ吸って何が悪いんだ。何か文句あるか！」という人がいます。それは生命倫理の自己決定権という概念に合っていて、自分で自分の命を決めています。ところが、やっぱり他人に迷惑をかけているのです。タバコを吸うと周りの人が気持ち悪くなったりしますから、タバコを吸うことは自分の勝手だという論理は誤りになるわけです。

みなさん聞いたことがあるかもしれませんが、ある宗教の宗派では、輸血を拒否しています。しかし、その宗派の方が交通事故にあった。そこで、お医者さんが輸血をしようとしたら、家族が輸血はしないでほしいと言いました。でもお医者さんは助けるために無理矢理輸血をして裁判沙汰になりました。これは、その宗派の方が自分で決めていることなので、患者の自己決定ということになります。だから実は今、生命倫理では輸血はしないというのが正解になるのです。輸血をすることは生命倫理の原則に反しているのです。でも、どうしてもそれは嫌だなあと思う人はいると思います。そこが今大きな問題になっていて、科学と宗教のせめぎ合いというのが根底にあります。

この生命倫理による患者の自己決定権は、ようやく日本でも一般的になってきましたので、この自己決定権を優先するという方向で厚生労働省などが頑張っています。それをそのまま言いますと、ある人が「私は死にたくない」と言っていて、しかも「だけど輸血はしてほしくない」と言っている場合、お医者さんはその人が取り乱しているに違いないと考えがちですが、輸血してはいけないのです。

輸血をするということはこの患者の自己決定権を侵害することになるので、本人が納得しているのであれば絶対に輸血はしないというのが、現在の考え方になっています。

ひっくり返る学問

でも問題はあります。この生命倫理という考え方はたった二五年しか経っていない考え方であり、この考え方自体がひっくり返るかもしれないのです。

このような話はいっぱいあります。一九七〇年代では「赤ちゃんはうつ伏せに寝かせなさい」と言われていました。うつ伏せに寝かせるとすくすく育つという話になっていたのです。ところがたまに窒息死する赤ちゃんが出てきたから、手のひらを返したようにみんな仰向けに寝かせなさいとなりました。つまり、赤ちゃんをうつ伏せに寝かせると、突然死を起こすという乳幼児突然死症候群（Sudden Infant Death Syndrome：ＳＩＤＳ）が発表されて、そのため仰向けに寝かせるようにしなさいと言われるようになりました。

これはアメリカで一番権威のあるThe New England Journal of Medicineという雑誌に投稿されました。ある家庭で子どもをうつ伏せに寝かせていたら、一番目の子どもが乳幼児突然死症候群になり、二番目のお子さんもなって、三番目は大丈夫だったのですが、四番目もなったので、家族性のものだということで前述の論文になりました。

現在、この乳幼児突然死症候群の半分は心筋の遺伝子異常によって起こるということがわかってきています。心筋の遺伝子に異常があると途中で心臓がうまく動かなくなり亡くなるということで、注意しなければいけません。

東大生でも昔、体育の授業途中で亡くなった方がおり、小学校、中学校でも運動の途中で亡くなったりしますが、それはほとんどが心筋の遺伝子異常のある方です。普段は全く気がつかないのですが、急に運動をして亡くなるということがあります。

ところでその頃、産婦人科の教科書では全部、うつ伏せに寝かせなさいというようになっていたので、うつ伏せに寝かした人がほとんどでした。だから大人になった今でもうつ伏せに寝ている人がいますね。やっぱり小さいときに寝た格好というのはずっとそのままになってしまうようです。必ず左を向いて寝る人と必ず右を向いて寝る人っているでしょ。左を下にして寝ると「心臓が圧迫されて夢を見やすい」と昔から言います。これも実ははっきりしていません。また、女性が、妊娠するとどちらかを下にして寝なさいと指導されます。それは赤ちゃんの方向などと関係があるそうです。左のほうを下にして寝なさいと指導されるのではなかったかな？　みなさんはだいたい仰向けで寝ているのでしょうか。一晩中クルクルと回っている人もいるかもしれませんね。要するに、この赤ちゃんの寝かせ方というのも学問体系が変わったために手のひらを返したように変わりました。そういうことは世の中にいっぱいあります（図2）。

タバコのこともそうですね。私が学生の頃、タバコを吸う人が多くて、学生さんに「タバコを吸うな」なんて言うと、「タバコを吸うのはわれわれの自由です」と文句を言われて非常に先生も困っていた覚えがあります。でも今は禁煙のところも非常に多くなりました。私の研究室のある建物もタバコを吸うスペースが今まであったのですが、全部取っ払われてタバコを吸ってはいけないことになりました。これは非常にいいことだと思います。

いろいろな学会に行くと、われわれ科学者の世界ではタバコを吸う人は知能が低いという話はもう当たり前のようになっています。タバコを吸う人はレストランでも別のところへ隔離され、アメリカの学会場ではほとんどいなくなっています。それくらいタバコは浮き沈みが非常に激しい。日の浅い学問というのは、このようにいろいろ変わることがあります。

ところで、科学にはちゃんとした定義があります。これに当てはまらないものは絶対信じないという、非常に簡単で単純な指標で動いています。これはぜひ知っていていただきたいのですが、科学の定義というのはまず第一に「観察可能な対象があるということ」です。例えば、「夜中にUFOを見た」とか「金縛りにあった」なんて話を聞いても信じられないのです。目の前で見ないことにはそれがあるかないかわからない。

二番目は「客観性がある」ということです。科学で非

図 2　日の浅い学問と社会規範

従来の考え方	→	変化した考え方
・赤ちゃんのうつ伏せ寝		・死亡率大
・タバコを吸うのは自由		・タバコを吸う人は知能が低い
・テレビを子どもに見せてもOK		・脳の発達不全
・ロールシャッハ、夢判断		・ウソ
・臨床カウンセリング		・そもそも有効性が立証できない学問

常に大事なのは他の研究者によっていつでも確認できることです。つまりこれは追試できるということです。

三番目は科学も仮説の一つですと言う人がいますが、必ず誰によっても検証できるものでなければいけない。臨床心理の大家が「この治療法は、私しかできない」と言っても、それは科学ではありません。

最後に四番目。これも科学の非常に大切なことですが、「理論はいつでも正しいとは限らない。正しいものが後から出たら、変更しうる」ということです。これを認めるくらいの度量がなければいけない。何が正しいかと判断できなければいけない。この四つが満たせない限り、それは科学とは言えないのです。

科学の定義

- 観察可能な対象をもつ
- 客観性がある
- 仮説は検証できるものでなければいけない
- 理論は変更しうる

だけど科学という学問はせいぜい数百年の学問ですよ。宗教というものは数千年、数万年続いているのですから、どっちが正しいか、なんていうことを年代で言われるとちょっと不利な面があります。でも、科学に則って今までいろいろな学問が発展してきたことは確かなので、やはりこれに則ってどんな学問でもいけるのではないかと、私は考えています。ですからこれに当てはまらないものは排除しなければならないというのは当然の考え方で、生命倫理が本当にこの科学に相当するかは、これからもう少し検証してみなければいけません。こういうことを基本的に知っておいていただいて、また事件に戻りましょう。

癌遺伝子をもっている可能性のある卵

それでは事件2です。これは非常に有名な事件ですが、それだけではなくて、ある雑誌で生命倫理というパラダイムを考えるうえでみんなが議論した例です。ルースというアメリカの二〇代の女性の話です。

この人は、母、おば、祖母と、近親の女性が癌で死亡しています。だから自分も癌になるか非常に心配でした。実は姉も乳癌遺伝子をもっていて、癌の治療中です。すでに遺伝子がわかっていますから、その遺伝子があるかどうか判定できます。あとは自分がその遺伝子をもっているかどうかを調べればわかるので、もちろん次にやったことは自分はもっているかどうかということです。

もし自分が癌遺伝子をもっていることがわかったらショックを受けて自殺してしまう人もいますので、カウンセリングを受けることが必要になってきます。あまり日本ではこういう状況が整っていないので難しいのですが、欧米では遺伝子診断を受ける前に、もしこうなったらどうするということでカウンセリングを受けることが徹底されています。

そこで、結果がどうだったかというとプラスだったのです。つまり、遺伝子をもっていることがわかりました。自分は将来癌で死ぬ可能性が高いということがわかったのです。でも乳癌ですからおっぱいを取るとか、放射線治療をするとか、いろいろな考えがあります。

問題はここからで、ルースはその一年前あるクリニックで卵を他人に提供していることが判明しました。日本ではニュースキャスターがアメリカに行き人工授精して代理母が子どもを産んだ例がありましたけれども、ルースは卵巣を取った人のために自分の卵を提供し、生まれた子どもは別の人の子どもとして育てられていました。これは自分の好意で提供したわけですが、自分が癌遺伝子をもっているということは、提供した卵も五〇％の確率で癌遺伝子をもっているわけです。

そこで、このルースはカウンセラーに何を言ったかというと、「卵を提供したクリニックには私が癌遺伝子をもっていることを言わないでください」と言ったのです。カウンセラーと病院とのコンタクトも禁止しました。

これは認められますか？　というお話です。みなさんはどう考えます？「私が癌遺伝子をもっているということを言わないでください」と言われました。ところがこのクリニックにとっては責任問題になる可能性があります。将来このお子さんが癌を発病して、「あの卵がおかしかったんじゃないか」と訴えられる恐れが十分あるのです。

こういう事件が起こったら、みなさん現状ではどう判断しますか？　これは学会で問題になったぐらいの例ですから、どっちにも考えられるわけです。

それでは実際はどう判断されたかお話しします。いいですか、卵を提供した時点では自分が癌かどうかはわからなかったのです。だからこれは善意の行動になりますね。善意の行動ということなので、ルースが罪になるということはないのです。

みなさんだって、普通に育っているけれどどんな遺伝子をもっているかわかりません。将来私みたいな髪になるかもしれない。どうなるか楽しみですね。私だって大学生のときは肩くらいまで髪がありました。昔からないわけではありません。そして二〇年くらい経ってから、「あなた！　そんなになるってわかっていたら結婚するんじゃなかった」なんて言われても困るわけですよ。それと全く同じことで、このルースもその当時どんな遺伝子をもっていたかわからなかったのです。少なくともルースは罪にならないですよね。

だけど、事実は伝えなければいけません。その後処置はどうするかわかりませんが、わかった時点でこのクリニックに伝えなければいけないというのが現在の考え方になっています。

つまりこれはどういうことかというと、情報というのは後のことはわからないけれど正しいことは必ず伝え、その後のことは後になって考えるべきことであるということです。これが現在の生命倫理の考え方になっています。これはぜひ頭の中に入れておいてください。情報を隠してはいけない。何でも情報を提供することによって議論が深まっていくというのが現在の考え方なのです。だんだんこういう深刻な話が増えてきました。

病気の遺伝子診断をしたら……

事件3です。これが一番有名な事件で、ジョンとサラのお話です。

このジョンとサラはユダヤ人でした。ユダヤ人は血族結婚が非常に多い。昔から部族のなかで結婚した場合、遺伝子が一緒になって劣性遺伝病が出てくる可能性が高いのです。この二人には生まれたばかりの赤ちゃんがいて、この赤ちゃんに劣性遺伝病の兆候があるということがわかってきました。

これはぜひ遺伝子診断をしなければならないということで、クリニックへ行って遺伝子診断をしました。このときもちろんクリニックではインフォームド・コンセント（説明をしたうえでの同意）をとりました。「この赤ちゃんが病気の遺伝子をもっていたら、何歳から何歳までの間に死ぬ可能性がありますよ。しようがないことですが、それでもいいですか？」や「もし赤ちゃんが遺伝病だとすると、お二人とも遺伝子を半分ずつもっていることになりますよ」ということが説明されました。

後者のことについて説明しますと、劣性遺伝病というのは一人に二つずつある遺伝子のうち、片方に病気の遺伝子をもつ人同士が結婚して生まれた子どもで、たまたまその病気の遺伝子が一緒になったら発病します（劣性なので片方だけもっていても発病はしません）。つまり劣性遺伝病が子どもに出てくるということは、両親が片方ずつ病気の遺伝子をもっていることになるのです。だから「次に子どもを産むときも、またリスクはありますよ」とちゃんと説明して、インフォームド・コンセントをとり遺伝子診断をやりました。

その結果なのですが……、実は子どもはジョンの子どもではないことがわかったのです。遺伝子診断をするとこんなこともわかってしまうのです。遺伝子診断をするというリスクはこういうところにあるので気をつけてください。これからは「へえー、遺伝子診断」なんて言って軽い気持ちで行くと子どもが本当の子どもかどうかということも自然とわかってしまいます。

この事件は今から一〇年前に起こって、大問題を引き起こしました。このときアメリカ倫理委員会では、カウンセラーは二人にどう伝えるべきかということになりました。

考え方が二つあります。一つは正直に全部言う。もちろんこれは遺伝子診断の論理に適っているわけです。ところが正直に言うとジョンはサラをいじめる可能性があります。「あれは誰の子だ！　離婚するぞ！」とか、「金はもうお前にはやらない」とか、ドメスティック・バイオレンスが起こったりする恐れが十分あります。ところが言わないとどうなるかというと、わかった時点でジョンに訴えられる可能性があります。「あのときなぜ正直に言わなかった。一億円出せ」ということにもなりかねません。このクリニックは大きな問題に直面したわけです。

みなさんがこのクリニックのカウンセラーだったら、二人にこの事実を正直に言うか、言わないか、どっちを選びますか？　一九九四年、アメリカ倫理委員会はサラだけに言うという結論を出しました。なぜなら本当のことを知っているのはお母さんだけだからです。あとはサラに任せて「あとは好きにしてください」という結論になったのです。これでいいでしょうか？

もし何かの拍子でジョンがお医者さんに向かって、「この子本当に僕の子ですよね？」

と聞いてきたらどうします？　お父さんが、ちょっと顔が似ていないということで「僕の子ですか？」と聞いたときに医者はどうやって答えるかというと、これも大きく二つに分かれます。

アメリカの結論は「正直に言う」でした。欧米では「言わない」でした。一九九四年の時点で二つに大きく分かれたのです。つまり、こういう事件が起こったとき、生命倫理というのは大きく議論が分かれるものなのです。

遺伝子診断の現在の結論

当時の全体の結論としては、お母さんだけに言えばいいでしょう、ということになったのです。ところが、ジョンとサラは子どものことでクリニックへ行く前に、とにかく遺伝子のことは全部相談しましょうという話をしていたのです。遺伝子のことについて二人は非常に興味をもっていたので、サラだけに言うということはジョンの権利を侵害することになるのではないかという考え方が出てきました。すべてを知る権利です。

でも、やっぱりここで大きな問題は、正直に開示するとただでは済みそうもないことです。家庭争議が起こりますよね、普通は。「これは誰の子だ」と男としては言いたくなります。そうすると今までどおりの二人の関係が築けないのは当然の話です。ジョンのこの権利を侵害するということは本当に大きな問題になり、最終的に考えられたことは「子どもについてベストな方法は何か」ということです。

ですが、それでもやっぱり議論の収拾がつきませんでした。子どもについては病気のことがわかって、もし病気だったらどうやって治療したらいいかがわかればいいのではないか、という考え方が依然として大きい。子どものお父さんが誰かというのは、サラだけに言えばいいのではないか、ということです。

しかし十分な情報を与えないと、今のところは表面上仲よくしていても、もし次の子どもを産むことになったとき遺伝子を調べて、また同じような問題が起こる可能性があります。ということで、非常に大きな問題として二〇〇〇年の段階でもまだ議論が続いています。

最終的に、カウンセリングというのは何かというと、クライアントが将来のことを自己決定できるように助けることが役目ですので、やはり正しいことは全部言ったほうがいいのではないかという声が大きくなってきました。今から考えると一〇年近くかかったのですが、現在は正確にすべて伝える方向になっています。もちろん事実を伝えたときジョンがサラに対して何をするかはわからないので、それについての十分なインフォームド・コンセントやカウンセリングをジョンに対して行ってから正直に伝える、というように現在はなっています。

でも、こんなことが突然起こったりするなど、遺伝子診断というのは何が起こってもおかしくないものです。だから現在は、遺伝子診断で血液を採るとき、承諾書には必ず「これは、好むと好まざるとにかかわらず、親子関係が明らかになることがあります」と書いてあります。「それでもいいですね」と、ＯＫを取った人だけにしか現在は遺伝子診断ができないようになっています。それはこのような事件が起こったからです。「これは、好むと好まざるとにかかわらず、親子関係が明らかになることがあります」という一文を書き情報をすべて伝えることで、この問題を解決しようということになったのです。

だから現在、遺伝子診断で何が一番大きな問題かというと、二つあります。一つは自分が病気の遺伝子をもっているかどうかということで、これは大きな問題ですね。で、もう一つは親子関係の問題です。この二つがうまく解決できれば、遺伝子診断というのももう少し広がるのではないかと思います。

奥さんの承諾は必要か

この事件3に関連して、もう一つこんな事件が起こりました。

ピーターという男性とメアリーという女性の間に子どもが産まれました。メアリーは子どもの一カ月検診で父親がピーターではないことを医者から聞かされました。この事件も前述のジョンとサラの事件と同じですね。この事件のときは母親だけに伝えられました。

もちろん今の考えではピーターにも伝えなくてはいけないのですが、そのとき奥さんであるメアリーの承諾は必要か、という話です。つまり、医者からピーターに事実を伝えなければいけないというとき、直接そのまま伝えるのか、やはりメアリーの承諾を得てからでないと伝えてはいけないのか、ということです。

これはどちらが正しいと思いますか？　ピーターに事実を伝えるとピーターからいじめられることは、メアリーはわかっているのです。でもメアリーの承諾は必ず必要だと思いますか？　そうではなくて、医者は自分の義務としてメアリーとは無関係に伝えなければいけないと思いますか？

実は、これはメアリーの承諾が必要であるという結論に現在達しています。つまり、急にピーターに言うと喧嘩になるのがわかっているので、夫婦の関係をはっきりさせるためには、ちゃんとメアリーの承諾を得て、「もしこうなったらこうなる」とか「夫が怒ったらどうするか」というように、メアリーのカウンセリングをしてから伝えるというようになっているのです。

このように、いろいろな事件が起こりながら学問というのは進んでいくものです。このような事件が起きたときに、みんなが「ベストな方法はどれだ」と考えながらだんだん進んでいくのです。だからある意味では、これは科学の発展の中でも、現実に即して発展していくというような学問になっています。逆に言うと、現実によってはまたこれがひっくり返るという可能性も十分にあります。

遺伝子の情報は家族全体の情報を意味する

もう一つだけ簡単な事件でお終いにいたします。

遺伝子診断で他に問題になるのは病気の問題です。ハンチントン病という恐い病気があって、これは四〇代あたりで必ず認知症になって手足の震えが止まらなくなる恐ろしい遺伝病です。これは遺伝子をもっていると一〇〇％病気になります。

ある病院に、二〇代の女性とその兄弟である男性が相談に来ました。この家系は図3のようになっていて、今の二〇代の女性と男の兄弟が三人います。実は、母方の祖母がハンチントン病であるということはもうわかっていました。つまり、ハンチントン病の遺伝子を母方の祖母がもっているので、遺伝子は五〇％の確率でお母さんに来ていて、またその五〇％の確率で子どもに来ているということになります。この子ども四人としては、遺伝子診断すれば自分が病気にかかるかどうかわかるわけです。それで、相談しにクリニックに来たのです。
ところが問題は、このお母さんが「私は心配だが、絶対そんなことは知りたくない」と言い張っていることです。なぜならハンチントン病は四〇〜五〇代に発病しますから、お母さんは発病年齢に非常に近く、いつハンチントン病になるかわかりません。今調べてプラスだったらもうほとんど先がないのです。ですから「私は診断しません」と言っているわけです。ところがこの四人の兄弟は自分を調べてほしいと言って病院に来ました。

そこでみなさんに考えてほしいのは、この四人のうち一人でもハンチントン病の遺伝子をもっていれば、確実にお母さんはハンチントン病だということがわかってしまうことです。兄弟の末っ子は今二〇代ですから発病するまではまだ数十年余裕がありますが、このお母さんは遺伝子をもっているとわかれば明日にでも発病するかもしれません。だからこのお母さんは調べてほしくないと

図3　ハンチントン病の家系

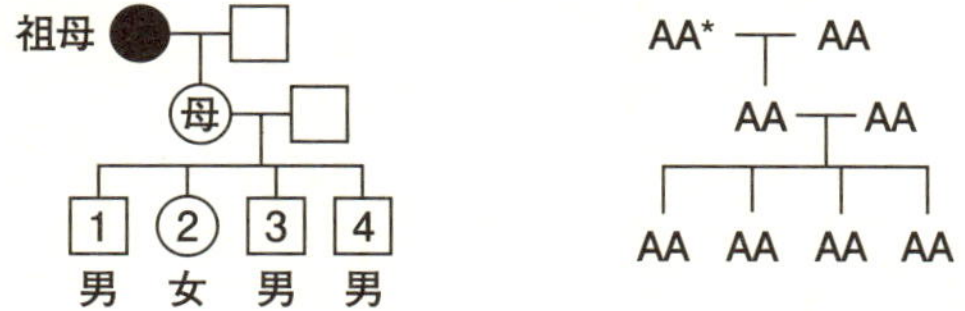

A* がハンチントン病の遺伝子。もし、1〜4の子どものうち1人でもハンチントン病の遺伝子をもっていることがわかれば、必ず母ももっていることになる。

言っている。だけど子どもを調べれば親もわかってしまうのです。

こういうことが実際に起こりました。では、このお母さんの意志に反して子どもは遺伝子診断できるでしょうか？　みなさんは、子どもの要求どおりに遺伝子診断していいと思いますか？　それともお母さんの意志は大事なのでしてはいけないと思いますか？　実はこれは世界中の意見がほとんど一致したのです。

遺伝子診断をするということは、自分の遺伝子が全部わかるということですね。これは遺伝子診断の基本的なことです。だから本来遺伝子診断をするということは当然家族の遺伝子もわかるものであって、「いくらお母さんが否定しても、遺伝子診断できる」という結論になっています。つまり遺伝子診断では、ある一人の人がいくらだめだと言い張っても遺伝子の情報は家族全体の情報になるのです。ということは家族全体が望んでいれば一人文句を言ってもだめである、というのが遺伝子診断の現状になっています。

日本ではまだこういうことがいっさい行われていませんが、みなさんこのような話を聞いてわかるように、将来こういうことが十分に起こりえます。しかも、他にどういう状況が起こりうるかが全く予想できないというのが遺伝子診断の現状です。でも遺伝子の情報を知っているといいこともいっぱいあります。病気を治療するだけではなくて、予防もできる可能性があります。ということで、現在遺伝子診断が行われているわけです。

第8講義

狂牛病のリスク評価

ここは、最近の「日経新聞の記事がわかる生命科学」を教えるという風潮について、あなたの頭で考えなければ、ただ読んでも理解してもだめですよ、ということを言うための授業です。狂牛病（Bovine Spongiform Encephalopathy：BSE）がよい例なので、この報道、事件の意味、解決法などを考えました。学生からの感想もこれについてが一番多く、興味をひく授業だったようです（最後なので、試験問題を聞きに来た学生も多かった）。

今まで生命科学の勉強をいろいろしましたが、遺伝子で説明できることがずいぶんあるということがわかってきました。特に、ヒトの行動とかヒトの高次機能に関して、かなりわかってきたということをみなさんにお話ししてきました。

あと問題は、これらの事実を正確に評価できるかということです。第8講義の今回では、狂牛病を話題にしてリスク分析の話をします。

リスク分析

リスク分析というのは、生命科学の場合は食べ物とか薬ですが、何か危険があったときそれをどう評価するかという考え方のことです。

例えば半年前の卵を冷蔵庫で保存していて、出荷するときの日付を付けて出荷したということがあった場合、卵というのはだいたいそのように出荷されていることが多いのか、その会社だけだったのかということは、ニュースを見てもわかりません。

また、卵というのは安全なもので、きちんと殻で囲まれているから卵が腐るということは滅多にありません。だけども、どれくらい安全性があるものなのかということを誰かがどこかでわれわれに示してくれているかというと、全くないわけです。

さらに、どうちゃんと評価すべきなのか、日本でははっきりとはわからないのです。業者が三日間の営業停止になったとしても、それが終わったらどうなるのかということがわかりません。われわれに対するリスクがどれくらいあるのかということが、全くわからないのです。そういうことが非常に多いので、こういうときはどうしたらいいのかということを、今回勉強することにします。

狂牛病が話題になったきっかけ

例は何でもよかったのですが、狂牛病がある意味みなさんにとっては関係があって、しかも牛丼を食べている人が東大は結構多い（笑）と聞いたものですから、ちゃんと話をしないとまずいかなということで、今回は狂牛病を例にとることにしました。

狂牛病がなぜ話題になったかというと、一九九六年イギリスでとんでもないことが発生したのです。それは、狂牛病と同じ症状の人が出てきたという話です。それは、クロイツフェルト・ヤコブ病（ＣＪＤ）という普通は六〇歳以上の人がなる病気です。ところが、非常に若い人に発症したので、バリアントＣＪＤ（ｖＣＪＤ）という名前がつけられました。このｖＣＪＤというのが出てきてみんなびっくりしたわけです。

クロイツフェルト・ヤコブ病というのは、クロイツフェルトという人とヤコブという人が見つけた病気なので、こういう名前がついています。六〇歳以上の人が発病して、いったん発症するとフラフラになって認知症の症状が出、ほぼ一〇〇%が一年以内に亡くなってしまう非常に恐い病気です。

クロイツフェルト・ヤコブ病は発症すると治らないという典型的な病気で、発症して九〇%が一年以内に死ぬという病気は、これと狂犬病しかありません。エイズは発症しても一年以上生き延びることができる人がずいぶんいることがわかっていて、恐い病気には違いないのですが、クロイツフェルト・ヤコブ病はもっと恐い病気です。

ところが、このｖＣＪＤは一〇～三〇歳の若者がかかったので、高齢者がかかる病気が若い人に発症したと、びっくりしたのです（図1）。牛に狂牛病が出た年から考えると、一九九六年にヒトで発症したというのは、牛肉を食べたことが原因ではないかとみんな考えたのです。二〇〇三年の一二月一日の段階で、ｖＣＪＤが発病したという報告が世界で一五一例あります注。一方、クロイツフェルト・ヤコブ病はすごく多くて、日本でも五〇〇例くらいの報告があります。だから世界中ではもっと患者が多いはずです。

この二つの病気には非常に大きな症状の違いがありまして、普通のクロイツフェルト・ヤコブ病はまず認知症の症状があって、ぼけが出てきます。だからアルツハイマー病などとの区別がつきにくいのですが、この若い人に発症するｖＣＪＤはどうも行動異常が出てくる。何か変なことを口走るとか、引きこもったりという症状が出てきて（図2）、それ

注 二〇一〇年の段階ではもう終息し、世界で二〇〇人ちょっととなった。

図1 vCJDとCJDの違い

vCJD	CJD
10～30歳	55～70歳
世界で151例	日本で500例
行動異常、失調	認知症

図2 扁桃生検による診断でvCJDと判定された例

年齢	症状	遺伝子型	診断
35	うつ、認知症、不随運動	129MM	vCJD
21	うつ、認知症、幻覚、不随運動	129MM	vCJD
22	引きこもり、失調、異常感覚	129MM	vCJD
18	パニック障害、異常感覚	129MM	―
34	感情不安定、認知障害	129MM	―
29	引きこもり、行為障害、失調	129MM	―
24	異常感覚、失調、認知障害	129MM	―
28	行為障害、激越うつ、失調	129MM	―

vCJDと確定診断されなくても、プリオンが検出されたものを表にあげた。vCJDは報告されているよりも、実際は多い可能性がある。プリオンタンパク質の129番目のアミノ酸がメチオニン（M）多型の人が100%である（Lancet, 1999）。

から手が震えてきたりします。そして後になって狂牛病と同じ症状が出てくるのです。

狂牛病の感染ルート

そういう人がイギリスでたくさん出てきたのです。この一五一例のうち、一四三例がイギリスです。イギリスでこんなに多いということは、イギリスでたくさん出た狂牛病に関係があるのではないかと誰でも考えます。つまり非常に恐い病気がイギリスで出てきて、狂牛病との関連があるのではないかと考えられたのですが、これは証明されていないのです。ただ相関はあり、明らかに怪しい。本当に狂牛病が原因なのかといっても、誰も狂牛病の牛の肉を食べたりしないので、本当に因果関係があるかどうかについてはわからないわけです。

そこで遡って辿っていきますと、元々この病気はどうも羊の病気であったらしいということがわかり、羊の肉を牛の餌に混ぜたために狂牛病が発生したと考えられました。つまり、牛は草食動物ですが、早く大きくさせるために草だけではなく、羊の肉、脳みそを入れたものを食べさせたために、牛にうつったのではないかと考えられたのです。そして、その感染した牛を食べたことで人にうつったのではないか、と現在考えられているのです（図3）。

本当のことはわかりませんが、何でこういうことが推測されたかというのははっきりしています。これは時差の問題なのですが、一九八六年、はじめて牛に狂牛病が出てきました。そこから狂牛病の数は図4のように推移しています。図4をみると二〇〇四年現在、狂牛病の数はほぼゼロになってます。

アメリカに狂牛病が出たというニュースを覚えていますか？ もう半年前になると、狂

図3 狂牛病はどこから来たか

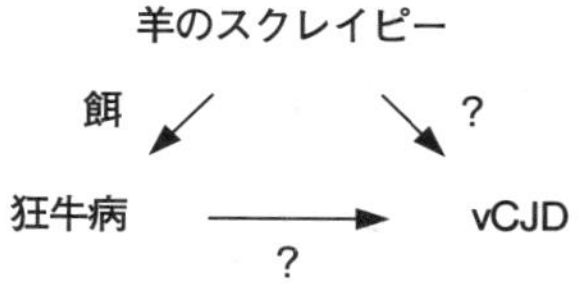

羊から牛への潜伏期間は4〜6年。牛から人への潜伏期間は10〜14年と考えられている。

図4 狂牛病数とvCJD数の推移

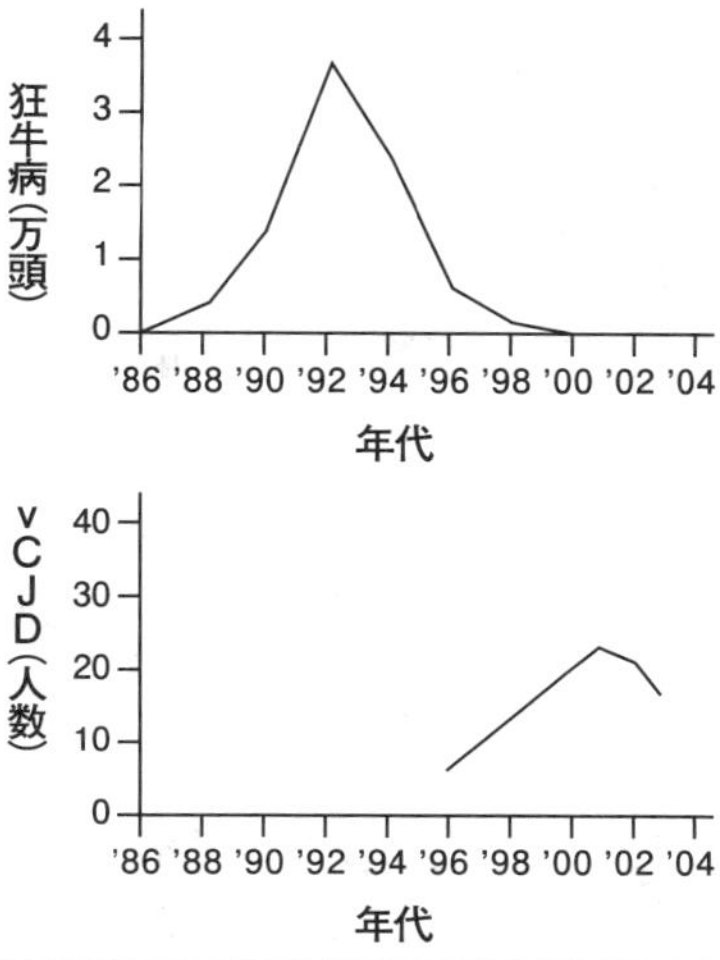

牛病が何頭出たか忘れて肉を食べたりしてるでしょ？ アメリカから輸入した肉がなくなるから「吉野家に行かなきゃ」と言って牛丼を食べている人がいますが、狂牛病が出た当時は食べませんでしたよね。日本人というのは忘れやすい。現在、日本で出た狂牛病は何頭だか知っていますか？ 五頭？ 六頭？ 七頭？ 八頭？ 九頭？ この前九頭目が出ました。九頭も出ているのです。だけどみんなそういうことについてはなかなか覚えていません 注。一方、イギリスでは公式発表によると二〇万頭も出ていて、圧倒的に違います。

図4にあるように狂牛病のピークが一九九二年であることがわかっています。ところが、狂牛病の原因は羊の肉であろうということで羊の肉を牛の餌に入れることを禁止したのは一九八八年です。一九八八年に禁止したにもかかわらず一九九二年にピークがきたということは、潜伏期間がどれくらいかがだいたい類推されますね。

餌に羊の肉が入っていないにもかかわらず狂牛病が出ているのは、少なくとも四年潜伏期間があって出てきているということがわかります。その前に食べたかもしれないから四年以上と考えられます。このように狂牛病というのは病気が出るまで数年かかるということが問題になっています。

では先程言ったvCJDはどうかというと、一九九六年に初めて報告されたと先程言いましたが、その後の推移は図4下のようになっていて、ピークは二〇〇一年です。これから類推できることは、牛の肉を食べてｖＣＪＤを発症したのだともし仮定するならば、牛から人にうつるときには一〇年ほどかかっているということが推測できるわけです。だから、羊から牛にうつるときには四〜六年、牛から人にうつるときには一〇〜一四年かかるであろうと現在は考えられています。

このｖＣＪＤはピークは過ぎたので、たぶんｖＣＪＤの大発生はもう起こらないのではないか、というのが現在の考え方になります。

狂牛病は血液感染するのか？

しかし本当に大発生はもう起こらないか。狂牛病がなぜ今話題になっているかというと、実はたった一例ですが、このｖＣＪＤで亡くなった人があるところで輸血をしたという報告があり、その人から血をもらった人がｖＣＪＤを発病したと現在報告されているからです。

二〇〇三年現在確認されている一五一人の方はほとんど亡くなっているのですが、この

注　二〇一〇年現在日本では四〇頭近くが狂牛病と判定

一五一人のうち輸血した方が少なくとも一人いて、その人から血をもらった人が同じvCJDを発症したという例が報告されているのです。しかも残りの一五〇人は輸血をしたかどうかはまだ定かではありません。

もしvCJDの人が輸血をして、その血液が例えば日本に紛れ込んでいたとするとどんなことが考えられますか？　考えられる仮定がいっぱいありますが、もしですよ、人から人に輸血でうつると仮定すると二〇一〇年頃にピークがくるはずです。もしその通りになれば、今の予想では輸血でうつった可能性があると考えられます。そうでなければ輸血ではうつらなかったであろうとなります。

ということで、狂牛病に関して今ピークが過ぎてよかったねと言っていますが、牛の狂牛病がこれ以上出ないでvCJDも出ないと仮定しても、将来二〇一〇年あたりに何か変な病気が出る可能性が残されているというのが実情です。

一般的にvCJDは血液ではうつらないと言われていますが、輸血でvCJDを発症した例がたった一例ですが出ました。ところがこの危険性を調べる方法が現在まだありません。このような現状では、可能性は否定できないのです。

そこでみなさん、今から一〇年経って変な病気が出てきたら、そういえばあの先生があんなことを言っていたなと思って、私のことを予言者と呼んでくれると嬉しいです（笑）。

この狂牛病の話題はすごく新しい話で、たぶんどこにも載っていないと思います注。

狂牛病の起こる仕組み

この狂牛病の起こる仕組みというのがだんだんわかってきましたが、それではどうやって証明したらいいか、どうやってスクリーニングしたらいいかというのをご紹介します。

狂牛病の原因はプリオンと呼ばれているタンパク質（プロテイン）だと現在考えられています。なぜかというと、普通ウイルスみたいに遺伝子をもっているものが原因だったら、例えば紫外線を当てると遺伝子は全部壊れてしまうのですが、狂牛病の肉をすりつぶしたものに紫外線を当ててそれを別の牛に注射してもやっぱり狂牛病になるからです。

何か感染する物質があるのですが、それは遺伝子ではなくて、実際はタンパク質らしいということがわかってきました。それで、タンパク質みたいなものという意味で、プリオンという名前がつけられました。このプリオンがたぶん原因であろうと現在は考えられています。

注　二〇一〇年現在、何も起こっていないので私もホッとしている。実は輸血でうつる（潜伏期間は六年ちょっと）と三例報告があったが、それ以上は出なかったようだ。

私たちの体の中には元々プリオンというタンパク質があります。ところがそこに、パックマンみたいな狂牛病の原因であるプリオンがちょっと入ってくると、私たちがもっていたプリオンも狂牛病みたいな形に変化してしまうのではないかと考えられています（図5）。だから、正常プリオンと感染型プリオンは、アミノ酸の組成（一次構造）は全く同じなのです。じゃあ何が違うかというと、全体の形が違うだけなのです。

正常と感染型は元々の成分は同じで格好だけが違います。つまり、変なものが入ってくると、正常なものが異常なものに形を変えるのではないかと考えられています。そして、その形を変えるのに、どうも体の中で数年かかっているらしい。メカニズムは全く わかりませんが、こういうことが推測されています。

図5　プリオンの伝播

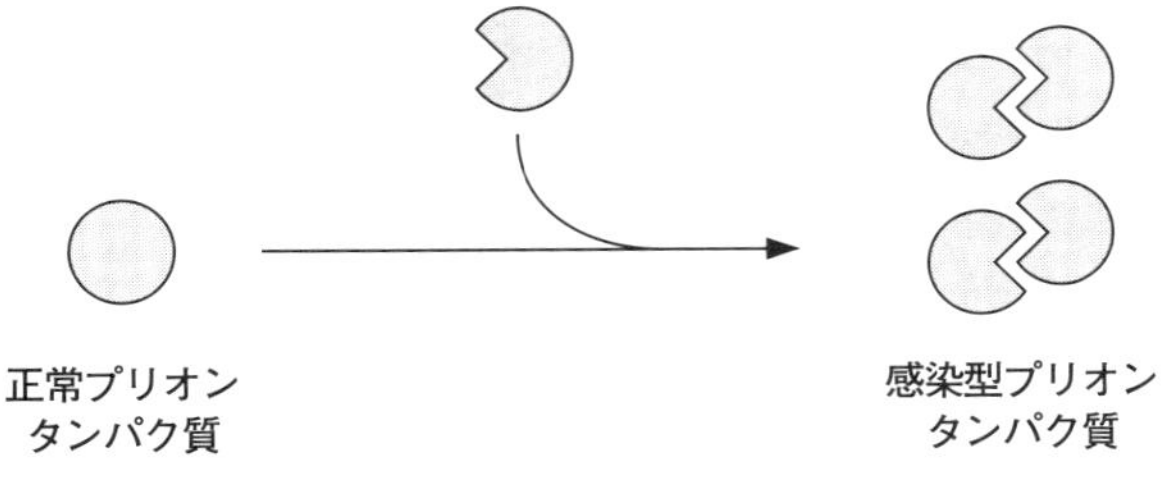

プリオンの調べ方

そこで、形を変えるのが原因であるならば、形が変わっているかどうかを調べてやれば、その肉が大丈夫か、その牛が狂牛病に感染しているかどうかを検出できます。そこで狂牛病の検出には非常に簡単なキットを使って研究が行われています。

その基本は、形の違いを認識するというものです。形の違いを区別するにはどうしたらいいかというと、一つの方法はＥＬＩＳＡ法というものです。このＥＬＩＳＡ法というのは現在日本でも狂牛病の研究で必ず行われているやり方で、一日か二日で非常に簡単に検出することができます。

どのようにやるかというと、この狂牛病の感染型プリオンに対する抗体（感染型プリオンにくっつくタンパク質）というものがあって、その抗体をプレートに化学的にくっつけておきます。そこに牛の脳をすりつぶしたものを入れてやり、感染型プリオンがうまくくっつけば光るような仕組みになっています。そうすると非常に簡単に抗体を使って測定することができるのです（図6-①）。これをＥＬＩＳＡ法と呼んでいます。

もう一つよくテレビで紹介されているのがウエスタンブロット法で、これも簡単にできます。新聞に載ったりしますから、こういうことをやっているんだな、と覚えておいてください。

まず、正常プリオンと感染型プリオンがあったとします。次にこれをタンパク質分解酵素で消化してしまうのです。みなさんのお腹の中では、タンパク質はペプシンとかトリプシンというのが消化しますが、ここでは試験管の中でプロテイナーゼKという強い消化酵素でプリオンタンパク質を消化してしまいます。

すると正常なものはきれいにばらばらになってしまいますが、異常なものはちょっとしたコアが残るのです。つまりこの感染型プリオンでは消化しきれないものが残ってしまうのです。だから一方ではすべてなくなっているけれど、一方では何かが残っているということが起こり、その差を使って調べることができるのです。これも一日くらいでできる方法です（図6-②）。

ウエスタンブロット法もＥＬＩＳＡ法も一日から二日でできる方法で、非常に簡単に検出できるのですが、三番目として、昔はどのようにしてやっていたかというと、狂牛病の牛の脳をすりつぶしてネズミの脳に注射していたのです。注射して置いておくとネズミが震えてきて、「ああ、狂牛病に感染しているな」と調べていたのです。この方法は簡単ですが、発症するまで一、二年かかってしまいます。

だからノーベル賞を受賞したプルシナーという人は、プリオンが本当にタンパク質かど

図 6 ELISA法とウエスタンブロット法

①ELISA 法

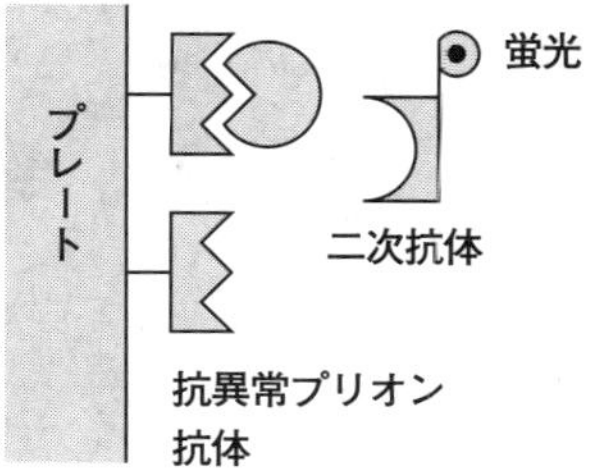

ELISA 法では、プレートに抗感染型プリオン抗体を塗っておき、そこに感染型プリオンをくっつけておく。次に二次抗体（蛍光などの印がついている）を加えて感染型プリオン量を測定する。

②ウエスタンブロット法

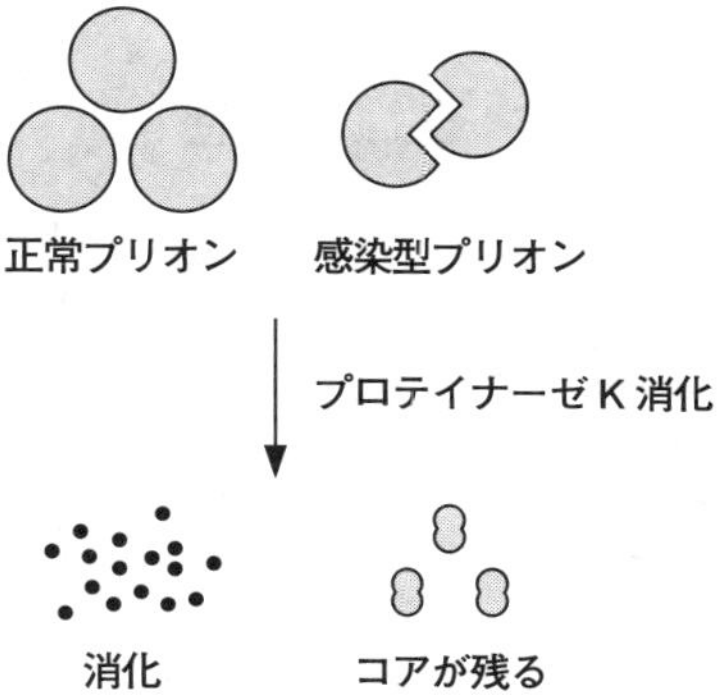

ウエスタンブロット法では、プロテイナーゼ K という消化酵素でプリオンを消化する。正常プリオンタンパク質はすべて消化されるが、感染型プリオンではコア部分が残る。

うかを調べるために、すりつぶして、二年待って、震えてきたら病気だと言って、またそれを脳から取って他のネズミの脳に注射して、二年待って、というのを繰り返して、結局一〇年かかってプリオンというものを見つけたのです。

これは本当にかったるいやり方です。みなさんはそこら辺にいる牛が大丈夫かどうかって、一年も二年も待っていられませんよね？　だからウエスタンブロット法やＥＬＩＳＡ法を使って、外国の狂牛病のサンプルで日本でもちゃんと確かめることができるようになったのです。

そこで、このＥＬＩＳＡ法では感染型プリオンにうまく反応する鍵と鍵穴みたいな抗体がないと実験ができません。だから、この抗体を作ったスイスの会社は大儲けしました。これがないと全然実験ができないので、牛を調べるときにはこの抗体が世界中で売れるわけです。狂牛病の検査というのはどの国でもやるようになって、アメリカでも以前はやっていなかったのですが、やるようになったので、すごく儲けたというのが現状です。

どれくらい信頼できる調べ方なのか

こうやって現在は、プリオンが危ないかどうか調べられていますが、どれくらい感度がいいかというのをちょっとだけご紹介しますと、これも驚くべき話です。

まずは、狂牛病の牛の脳をすりつぶしてそれをネズミに注射すると、二〇匹が二〇匹とも感染します。当然のことですから、調べるのにこの方法は非常にいい。ですが、感染したとわかるのに一年以上かかるので大変です。

次に、牛の脳をすりつぶして一〇分の一に薄めた場合と、三〇分の一、一〇〇分の一希釈というように、順番に薄めていって何倍まで薄めると感染しなくなるかということを調べていけば、感染の力価、強さ（タイターと言います）がわかります。そうすると意外とびっくりします。

一〇分の一希釈すると、だいたい一八匹のうち一七匹が感染します。一〇〇分の一だと、一七匹のうち一五匹が感染していて、一〇〇〇分の一だと、一四匹のうち一匹だけ。一万分の一だと、七匹のうち一匹も感染しないという結果が得られました（図7）。つまり、ネズミに注射するというのは非常に信頼性が高いとされています

図7 ELISA法の感度

BSE脳の希釈程度	ELISA法	マウス脳への接種
1/10	–	17/18
1/30	3,122	–
1/100	1,249	15/17
1/300	352	–
1/1,000	124	1/14
1/3,000	40	–
1/10,000	13	0/7
1/30,000	4	–
1/100,000	–	0/9

ELISA法の値は任意ユニット。マウス接種では何匹中、何匹が発病したかが分数で表してある。

が、一〇〇〇倍に薄めるともう感染しないので、かなり濃くないと調べることができないということになります。要するに感度が悪いわけです。

ところが先程言ったＥＬＩＳＡ法を使うとどれくらい感度よく測定できるかというと、例えば、一〇〇分の一のときは一二四九という値で光ってきますが、一〇〇〇分の一でも一二四、一万分の一だと一三という値の光が出ます。何もないときの値がゼロであるのに対して、一万分の一に希釈してもまだある程度の値として出てくるので、感度は結構いい。

だから注射して一年がかりで調べるよりも、一日ＥＬＩＳＡ法で調べたほうが、ゼロに比べてある程度の値が出てくれば狂牛病に感染しているとわかるので確実です。だから現在は、ＥＬＩＳＡ法を使って牛の脳とか脊髄が本当に狂牛病に感染しているかどうかを調べています。要するに、ＥＬＩＳＡ法は信頼できる検査法だと覚えておいてください。

逆に言うと感度がよすぎるので、みんな狂牛病だということになりかねないほどです。このように感度を調べた結果、現在行われている方法はいい方法であるということがわかりました。だからニュースで狂牛病に感染しているか、いないかという話が出てきた場合、それはたぶん信頼できる話であろうと思っていただいて結構です。

そこで問題は、「本当に牛からヒトにうつるのか」です。これが本当は知りたいのです。狂牛病のピークから何年か経ってヒトにその症状が出てくるとか、状況証拠はいっぱいありますが、実際はヒトを使って実験できません。となると、どうやってこれを証明したらいいかということで、このような実験が行われました。それはネズミに注射する実験です。ネズミの脳に狂牛病の牛の脳を注射するとどうなるかというのを調べるため、三〇〇日、六〇〇日、その後二年近くネズミの生存率を観察します。普通の人間のクロイツフェルト・ヤコブ病の脳を注射すると、生存率がだんだん低下してきます。六〇〇日目で、半分弱が死んでしまいます。ところが狂牛病になった牛の脳を注射すると、約三〇〇日目にネズミが全部死んでしまいます。つまり、少なくともネズミに対しては人のクロイツフェルト・ヤコブ病よりも、狂牛病のほうが感染力が強いのです。そのため生存率が非常に低いことがわかります。

これは六〇歳以上で亡くなったクロイツフェルト・ヤコブ病の人の結果ですが、三〇歳以下で亡くなったｖＣＪＤの人の脳を打ったらどうなるかというと、結果は狂牛病の脳と全く同じでした。これも状況証拠にあたります。ｖＣＪＤというのは狂牛病である牛海綿状脳症というのと非常によく似ている状況になったために、ｖＣＪＤは牛からうつったのではないかという証拠になってきたのです。

ということで、絶対に牛の脳は食べてはいけません。脊髄も食べてはいけません。というのがおわかりになったかと思いますが、実際は牛は羊を食べていました。そこで牛にスクレイピーの羊の臓器を食べさせてみて、何カ月おきかに解剖してみると、プリオンは最初胃にあって、次にその近くのリンパ節にあり、三カ月くらいすると扁桃（扁桃炎になると白くなる人がいると思いますが、「あーん」と口を開けると見える部分が扁桃で、そこにリンパ節がいっぱいあります）に行っていることがわかって、食べたものからその病原体はだんだん下から上のほうへ行って扁桃と呼ばれているリンパ節から脳に感染しているのではないかと現在考えられています。これも人間ではなかなか証明しにくいので、牛で調べてみて、ようやくこういうことがわかってきました。

このことから、感染経路はたぶんこの通りであろうと考えられていますが、とすると、やっぱり食べてはいけないものの代表は牛の脳と脊髄があげられます。確かに感染力が非常に強いです。死んだ狂牛病の牛の脳や脊髄をとってきてネズミに打つとすぐに病気になりますが、前述のように、リンパ節でも非常に病気になりやすいことが指摘されています。

牛の臓器でリンパ節が一番多いのは胃と舌です。焼き肉で言うとミノとタンですね。焼き肉屋さんへ行って「牛の脳をください」とか「牛の脊髄をください」とかいう人は滅多にいません。噛みごたえがあって美味しいので私もよく食べる牛のミノや、タンといったところでは、狂牛病の牛でないならば全然問題ないのですが、もし狂牛病のものがあるとすると感染力をもっと考えられるのです。

リスクを正確に分析する

全世界で狂牛病の牛が現在のところ一六〇万頭と推測されていて、人類の胃の中に入っていると推定されています 文献。もうどうしようもありません。わかった時点でほとんどのイギリスの肉屋さんで消費されているのです。そのなかで、一五一人しかｖＣＪＤが発症していないのですから、それを思うと大したことないですよね。

確率的にいうと、狂牛病が現在日本で九頭出て、アメリカで一頭出たって人に感染する恐れはたぶんないだろうと楽観的にみる人もいます。でも、牛から出たコラーゲンなんてものはどこにどう販売されているかわからないので、もしそのなかに狂牛病のものが入っていたら、ある国で発症する恐れも十分あるわけです。こういうことをきちんと知っていますか？ ということが、今回のリスク分析のお話です。

イントロが非常に長くなりましたが、ここからが今回のリスク分析です。われわれには

文献 Scientific American, 2001, May

どれくらいリスクがあるだろう？　リスク分析はどのように計算したらいいだろう？　先程言ったように、テレビのニュースか何かでこの数字はよく使われています。一六〇万頭いて、それを食べても、一五一人にしか感染しなかったのですから、これをわり算すると、たとえ一頭狂牛病の牛がいてもだいたい一万分の一の確率ですよね。だから牛一頭食べても、一万人に一人しか発症しないので、基本的には人類は発症しないだろうという楽観的な人もいます。

ところがリスク分析はただ数字をいじくるのではなくて、例えばシートベルトをなぜ着用するかという例では、あるとき急に「シートベルトをしなさい」となりました。その原因は一〇〇万件のいろいろな場合の自動車事故を調べて、実際シートベルトを着用していた人とそうでない人を比較してみたら、死亡率が四二％に低下していたことがわかったからです。はっきりと数字に現れてきたのです。このことから、何もしないよりシートベルトをしたほうが死亡率は下がるだろうというコンセンサスが世界中で得られたので、世界中でシートベルトを着用するということになったのです。

これは同じ統計でも非常に信頼できる統計ですね。事故にはいろいろあって、条件もいろいろあるだろうし、運転者の年齢も関係あります。でも、これだけ違うのだったら着用したほうがいいのではないかと考えつきます。これがリスク分析の一番の代表例です。これと同じように、先程のような数字を計算して狂牛病のリスク分析ができるかどうかということが今日のメインのお話になります。

笑い話の一つとしてこんな話があります。これもだめな例ですよ。以前お話ししましたが、ある都市では心臓病で死ぬ人の割合がある一年間で五割増加したということがわかりました。その年だけ突然増えたのです。さらに同じ年にビールの消費量も五割増えていることがわかりました。そこでその都市の市長は「ビールを飲むと心臓病になる」と言ったのです。

もちろんこの論理は誤っていますので、笑い話の例として使われています。つまり、この都市では人口が五割増えただけだということだったのです。人が五割増えれば心臓病の人もビールの消費量も五割増えます。当たり前ですね。「心臓病で死ぬ人が五割増加した年にビールの消費量も五割増えた」のは事実だけど、「ビールを飲むと心臓病になる」という因果関係は出てこないわけですね。

こういう推論というのが意外と多く、全く関係ない値を足し算したりかけ算しても全く無意味な結果しか出てこないということが十分ありえます。狂牛病の場合もそういうことが起きないかが問題なのです。

有名なパスカルは、実はこういうことを言いました。「神は存在する」。なぜかというと、例えば神を信じる人は神が存在するなら非常に幸福な生活が得られ、もし神が存在しないとしても何も起こりません。平均すると幸せになるはずである。ところが神を信じない人は、実際神が存在すると仮定するとその人は地獄に堕ちるであろう。さらに神がいなかったとしても何も起きないので、平均するとこの人は不幸になるだろう。よって神は信じたほうがいい、という論理を立てたのです。

ふんふんと聞いていたかもしれませんが、この論理はどこがおかしいかというと、「神は存在する」と「神は存在しない」が五分五分の確率だと考えているところですね。こういう前提もおかしいし、神が存在するかしないか証明しようがないというのもあるし、まあいろいろなことがありますが、このような論理はどこにでも存在するのです。

だからこのパスカルの論理みたいなものが出てきたときに、「これは怪しい」「これは正しい」と判定できるかどうかということが、みなさんにとって大切なことになるわけです。

確実なリスク分析を行うために

こういう話をしていてもしようがないので、実際リスク分析というのはどういうことかというのをご紹介しましょう。

リスク分析で狂牛病が危ないと判定するとき何が大事かというと、とにかく情報が大事なのです。ところが、みなさんが得る情報というのはほとんどが新聞とテレビです。あるいはインターネットかもしれません。そうすると、その情報の正確性というものが問題になりますが、正確ではないこともあります。

なぜなら、例えば取材でだいたい一時間くらい話を聞いても、テレビとか新聞に載るときには二行程度しかないということがあるからです。そこが一番問題で、ちゃんと要約してくれていればいいのですが、短くしすぎると正確に伝わらないことがあります。特に最新の情報は、新聞とかテレビに出ているときにはかなり事実とはずれてしまっている可能性があるということです。

そこで、どういう情報が必要かということを判断できて、その情報をみなさんが要求できるということが大事です。狂牛病の情報でそれが正しいか正しくないか、牛のどこが危ないのかということを確実にすることが大事です。新聞に書いていないこともいっぱいあるわけです。

焼き肉でこの肉は大丈夫と書いてあるけれど本当にタンは大丈夫なのか、どれくらい大丈夫なのかということを誰も新聞に要求していません。でもそれはやはりいろいろな知識がないと要求できないので、要求できるという裏には、それに関する知識が必要になります。もう一つは、情報が垂れ流しになっているということです。インターネットを見たら、それをすぐ信用する人がいます。

私はいろいろなところで講義や講演会とかをやって、生命のことをお話ししています。そうすると、抗議の手紙とかメールが来ます。どういうものが来るかというと、私が「臨床心理は再現性がなく信用ならない」なんて話をすると、「臨床心理の先生があれだけたくさんいるのに、お前の言うことは間違いだ」と言って、私のところに自分が書いた本やパンフレットを送ってくる人が結構いるのです。そのパンフレットに何が書いてあるかというと、決まって○○新聞○月○日号にある先生がこういうことを言った、ということを切り貼りして私のところに送ってくるのです。もう一〇人いればほぼ一〇人ともそうです。

私に投書する人の情報源は新聞とテレビしかありません。だから必ず切り抜きを送って来るのですが、大事なのはそこに書いてあることじゃなくて、情報は管理されているわけですよ。そのことを当人はわかっていない。裏にどういうことがあるのかということを君たちが知らなければいけないということが一番大事なのです。もう一つは垂れ流しの情報をどう選別できるかということです。この二つがリスク分析に大切なことです。

これがちゃんとできるというのはなかなか難しいことですね。この狂牛病のことだって、例えば、もう一六〇万頭の牛がお腹の中に入っているなんていう情報はみなさんあまり知らないと思いますが、こんなことは新聞にほとんど出ません。出すと大変ですよ。肉屋さんとか牛丼屋さんが文句を言うに決まっています。

このようにいろいろな政治的配慮が働いて、新聞にはそういうことは出ません。ちゃんとした情報が選別できないということになります。だから、大事なことはこの二つなんだということをちゃんと頭に入れて、実際何が起こったかというお話をしましょう。

事件が起こらないためにどこでチェックするか

先程言った狂牛病では、一九九二年にピークがあって、ｖＣＪＤでは二〇〇一年にピークがきたので、ＷＨＯでは九年かかって牛から人に感染したらしいということがだいたい類推できました。そこで、ご存じのように牛の肉骨粉を牛に与えないように、というお触れをＷＨＯは注意して出したのです。

そのとき日本の厚生労働省はどうしたと思いますか？　ＷＨＯがこういうことを言ってきたという行政指導をして、肉骨粉を与えないようにという指導はしたのですが、結果論から言うと、ここで罰則規定を与えなかったことが問題だったのです。そのために肉骨粉はどんどん出ていって、最終的には日本で狂牛病が出てしまったのです。

また、二〇〇一年四月にＥＵがお触れを出して、日本の狂牛病のリスクがレベル３で危ないですよ、と言ってきました。レベル３というのは、すでに発生しているか、その可能性があるということです。この当時日本ではまだ狂牛病は発生していなかったのですが、なぜEUがそんなことを言ったかというと、日本でまだ肉骨粉が使われていて、ちょっとでも肉骨粉が使われていれば狂牛病が起こる可能性があったからです。

このとき一番の問題は、レベル3であるということを聞いて厚生労働省がこれに対して「これは危ない」と反応しなかったということです。これをニュースにすると非常に大きな問題になりますから、ニュースには非常に小さくしか出なくて、しかも反応は逆で、日本ではこういうことは起こりませんと反論したのです。もしここで厚生労働省がもう一段厳しくチェックしていれば狂牛病はたぶん出なかったのではないだろうかと思います。

そしてついに二〇〇一年、日本ではじめての狂牛病が出てきたわけです。実はこの間に日本では五〇〇〇頭の牛に肉骨粉が与えられたということが後でわかりました。五〇〇〇頭に与えてせいぜい発病は九頭ですから、大したことないといったらそれまでですが、肉というのは誰の口に入るか全くわかりません。罰則がないのでこれだけの牛がそのまま育って、日本で狂牛病が出たという問題に最後にはつながったという、ここがやっぱり問題なのです。これを危ないと考えるか、こんなの大したことないと考えるかが問題なのです。

これは地震の備えもみんな同じで、大きな地震はきていないから大丈夫だっていう人と、万が一でもくるかもしれないから備えをしておかなければいけないという人の違いです。

事件が起こるか起こらないか、それをどこでチェックするかということが、われわれが考えなければいけないことです。

正確な情報を選別する

そこで、二〇〇一年一〇月一八日に、狂牛病が出たので牛の全頭検査が始まりました。これは非常にいいことです。アメリカでは全頭検査をしていませんが、日本ではとにかく食用になるものは全部検査しなさいとなりました。

この全頭検査のニュースが出る前の日に、テレビ局が私の研究室に「狂牛病はどうですかね」という話を聞きに来ました。それはなぜかというと、ノーベル賞を受賞したプルシナーという人（狂牛病を見つけた人）が書いたサイエンティフィック・アメリカンの狂牛病の論文を私が二つか三つ翻訳していて、また神経の研究をやっていることもあったからです。

そして、私の研究室で一時間も私にインタビューしているところをビデオに撮って、自分がテレビに出るかなあと喜んでいたところ、全頭検査の次の日の午後のニュースか何かでテレビに私がインタビューされているところが出ました。すると、「化粧品は安全とは言いきれないですよ」と言っているところだけがテレビに出たらしいのです。

そしたら、私の研究室にいろいろな会社の研究所の人たちが来て、「先生、なんていうことを言ってくれたんですか」と日本の全女性を敵に回すようなことになりました。私はいっさいそういうつもりはなかった。全部今までのことを説明しました。たまたま、コンビーフも危ないし、なんとかも危ないし、女の人の化粧品も安全とは言いきれないですよねと言ったところだけがテレビに出たらしい。こんなひどいことはありますか。これはニュースの選別みたいなもので、そういうことが実際起こってしまったということはやはり問題です。

こういう限られた情報がみなさんに伝えられている可能性があるのです。そのときに、それだけを信じている人は情報の正確さを調べずに、化粧品売場に行って牛のコラーゲンと書いてあったら買わないで、豚のコラーゲンのものを買ってきたりするのです。そういうタイプの人間が、お昼のテレビを見て買う物を変えたりします。でもそれだけではいけなくて、やはり危ないと思ったら自分も危ないので、いろいろなことを調べてどの情報が正しいかということをきちっと選別することが大事です。

全頭検査をするときに、日本の厚生労働省は死んだ牛も調査するべきでした。つまり肉屋さんに肉として売られるものだけを検査するという体制にしました。それはどういうことかというと、例えば生きていても狂牛病が疑われる牛がもしいたら、それを育てている人はどうすると思います？　悪く考えると、その場で殺してしまえば調査されないわけです。もちろんそれはわれわれの口には入りませんが、実際、もうちょっと狂牛病の牛がいたのではないかなあと推測できるのです。

本当は全部調査するようにしないと、日本でいったい何頭狂牛病の牛がいるのか正確にわかりません。もちろんいろいろな問題があります。狂牛病の牛が出たファームは非常に厳しい状況になって、例えば鯉ヘルペスのときに業者がみんな廃業したようになってしまう恐れもあるので、そういうことも考えなくてはいけません。ですが、やはりこれは嘘をつかずに正確な情報を出すべきであるというのが現在の考え方になっています注。

あまり知られていない情報

そこで最後にまとめると、狂牛病情報に関して現在どれくらいわかっているかというと、新聞によく出ているのは病気の発症機構です。プリオンがこの病気を発症させるとか、あとは肉骨粉がどうなっているか、検査がどうなっているかということ、これらはもう完璧

注　二〇〇四年六月以降は、死亡牛も調査するようになった。これは大変いいことで、厚生労働省に拍手!!

に発表されています。だから、こういう情報はみなさんもおもちだと思うのですが、vＣＪＤの患者が日本にいるかという話はまだあまり入っていません。公式にはいないということになっています 注。

vＣＪＤがどんな症状かということに関しても、まだあまり書かれていません。vＣＪＤでは、狂牛病みたいに震えるという症状が出ます。一般に、二〇代くらいの若い人が死ぬことは滅多にないので、イギリスでは何を調べたかというと、精神疾患の人を調べたのです。

特に若くて精神疾患で亡くなった人、急に変なうわごとを言ったり、これはドラッグの可能性がありますが、あとは同じ年代の人には見られないような行動異常を起こして自殺してしまった人、引きこもりやうつ病などで、たまたま交通事故で亡くなった人などの、先程言った扁桃をちょっとかき取ってそこに感染型プリオンがいるかどうか調べたところ、引きこもりとうつ病の人のなかにvＣＪＤが見つかったのです（図2参照）。こんなデータはまだたぶん日本には知らされていません。

狂牛病と同じように震えるという症状の人は調べるけれど、精神疾患で亡くなった人のなかにvＣＪＤの人がいる可能性が否定できないのです。だからvＣＪＤが一五一人と言われていますがもっといるかもしれません。イギリスでは、全く普通だった人が一、二年で行動がおかしいなどの精神症状を出した人のなかにいたので、この病気というのはもっと他の症状を示している人のなかに存在している可能性があることが、われわれ研究者が危惧しているところの一つです。こういう情報は医学雑誌にしか載っていないのです。

また、vＣＪＤが遺伝子の変異で起こることもある、という事実もあまり知られていません（図8）。同じプリオン遺伝子のなかで違う箇所に変異が入ると、違った症状の病気になるのです。

ではもっと問題なことで、われわれが知らされていないのは完全な処理法です。肉をどう料理して食べたらいいのかということはみんな狂牛病のことを知ってから聞いた？　狂牛病の肉がひょっとして肉屋さんに売られているとしても、こうすれば絶対安全だということがどこ

注　二〇一〇年までに一人の報告がある。

図8　プリオンタンパク質の変異

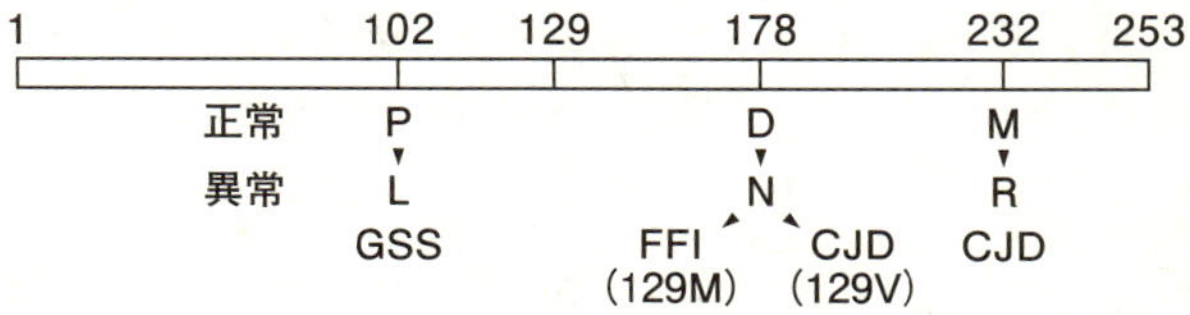

プリオンタンパク質の遺伝的変異によって、クロイツフェルト・ヤコブ病（CJD）、ゲルストマン・ストロイスラー・シャインカー病（GSS）、致死性家族性不眠症（FFI）になることがある。

かに書いてあった？　そういう情報が全く欠けているんですよ。例えばですが一五〇℃で熱すれば絶対大丈夫だとか、紫外線を当てれば絶対大丈夫だ、というような情報が欠けてるところが問題です。

もう一つは、牛以外の鹿とか山羊とか、こういう肉は今ほったらかしになっています。ネコにも狂牛病があるのですが、さすがにネコの肉を食べる人はいないだろうから大丈夫だとは思いますが、他の動物での情報というのも欠けているのです。

最後に、牛のどこが大丈夫かというと、牛の皮は当然大丈夫ですが、牛の肉も大丈夫だという人は結構多いのです。けれども、肉は本当にうつらないのかどうかとかね、今では狂牛病の牛でも、売っていいのは皮だけと言われています。みなさんの使っている財布とかブーツとかは牛の皮で作ってあったりしますが、そういうなかに狂牛病の牛がいるかもしれません。これは海外でも認められているのですが、そういうところから本当にうつらないのかというデータは私が知る限りほとんど出てきていません。

つまり、リスク管理をするときは、こういう情報をみなさんが請求しなければならないということです。これは大丈夫かと。専門家に話をして、それで出たデータをみなさんが判断するということでこのリスク分析をしていかなければなりません。

一〇〇％の安全なんてありえません。肉を食べないことしかリスクを回避できないのです。いいですか、このよくわかっているような狂牛病でも、まだ出てこない情報というのがいっぱいあります。そういうところをどう判断するか。これから生命科学の問題は、食品とか薬品とかいろいろなところに出てきますので、みなさんがそういうところでこのような問題に出会ったときに、どう判定するかという勉強として今回は一つのお話をご紹介しました。

はい、これでこの講義はおわりです。

本作品は、二〇〇四年六月に羊土社より刊行された『遺伝子が明かす脳と心のからくり』を加筆・再編集したものです。

石浦章一（いしうら・しょういち）

1950年、石川県生まれ。東京大学教養学部基礎科学科卒業、同大学院理学系研究科博士課程修了。国立精神・神経センター神経研究所、東京大学分子細胞生物学研究所を経て、現在、同大学院総合文化研究科教授。理学博士。専門は神経生化学、分子認知科学。

アルツハイマー病をはじめとする難病の研究、人間の知能や性格、感情の分子レベルの解明をライフワークとしている。

著書には『若い脳は性格と生活習慣がつくる』（だいわ文庫）、『いつまでも「老いない脳」をつくる10の生活習慣』（ワック）、『「頭のよさ」は遺伝子で決まる!?』（PHP新書）、『30日で夢をかなえる脳』（幻冬舎）などがある。

だいわ文庫

東京大学超人気講義録 遺伝子が明かす脳と心のからくり

著者　石浦章一

二〇一一年三月一五日第一刷発行

発行者　佐藤 靖

発行所　大和書房

東京都文京区関口一－三三－四 〒一一二－〇〇一四

電話 〇三－三二〇三－四五一一

振替 〇〇一六〇－九－六四二二七

装幀者　鈴木成一デザイン室

本文デザイン　菊地達也事務所

本文印刷　シナノ

カバー印刷　山一印刷

製本　小泉製本

ISBN978-4-479-30328-2

乱丁本・落丁本はお取り替えいたします。

http://www.daiwashobo.co.jp

だいわ文庫の好評既刊

石浦章一
若い脳は性格と生活習慣がつくる
ボケない脳とボケる脳はどこが違うか
環境や年齢で変わる「性格」と、遺伝的な「気質」が脳の老化に影響する。本当の自分を知り、脳と体を若く保つ習慣を身につける！
680円
121-1 B

養老孟司
まともバカ
目は脳の出店
解剖学の第一人者の目から見ると、とんでもなくいびつに生きている人間の姿があぶりだされる。人が生きのびる視点・考え方とは！
780円
32-1 C

川島隆太
脳年齢若がえり！
大人の5分間トレーニング
なぜ一日五分間の音読・計算で記憶力と創造力がアップするのか。ボケを防止し、脳を活性化させるための生活習慣も具体的に紹介！
580円
23-1 C

米山公啓
「もの忘れ」を防ぐ
カンタン生活習慣
知ってたはずの漢字が思い出せない、今朝何を食べたか忘れた…こんな「もの忘れ」をなくすカンタン生活習慣！認知症予防にも！
580円
125-2 A

安保徹
自分ですぐできる
免疫革命
自分の「免疫力」こそ、副作用なしの万能薬！世界的免疫学者が説く、病気にならない、病気を治す生き方！自分の体をガードする本！
680円
45-1 A

*済陽高穂
「朝ジュース」で免疫力を高める
朝の生ジュースで「腸管免疫力」がみるみる上がる！がん医療の第一人者が教える、疲れないからだを作る免疫力の上げ方。
680円
185-1 A

*印は書き下ろし

定価は税込み（5%）です。定価は変更することがあります。